I0035486

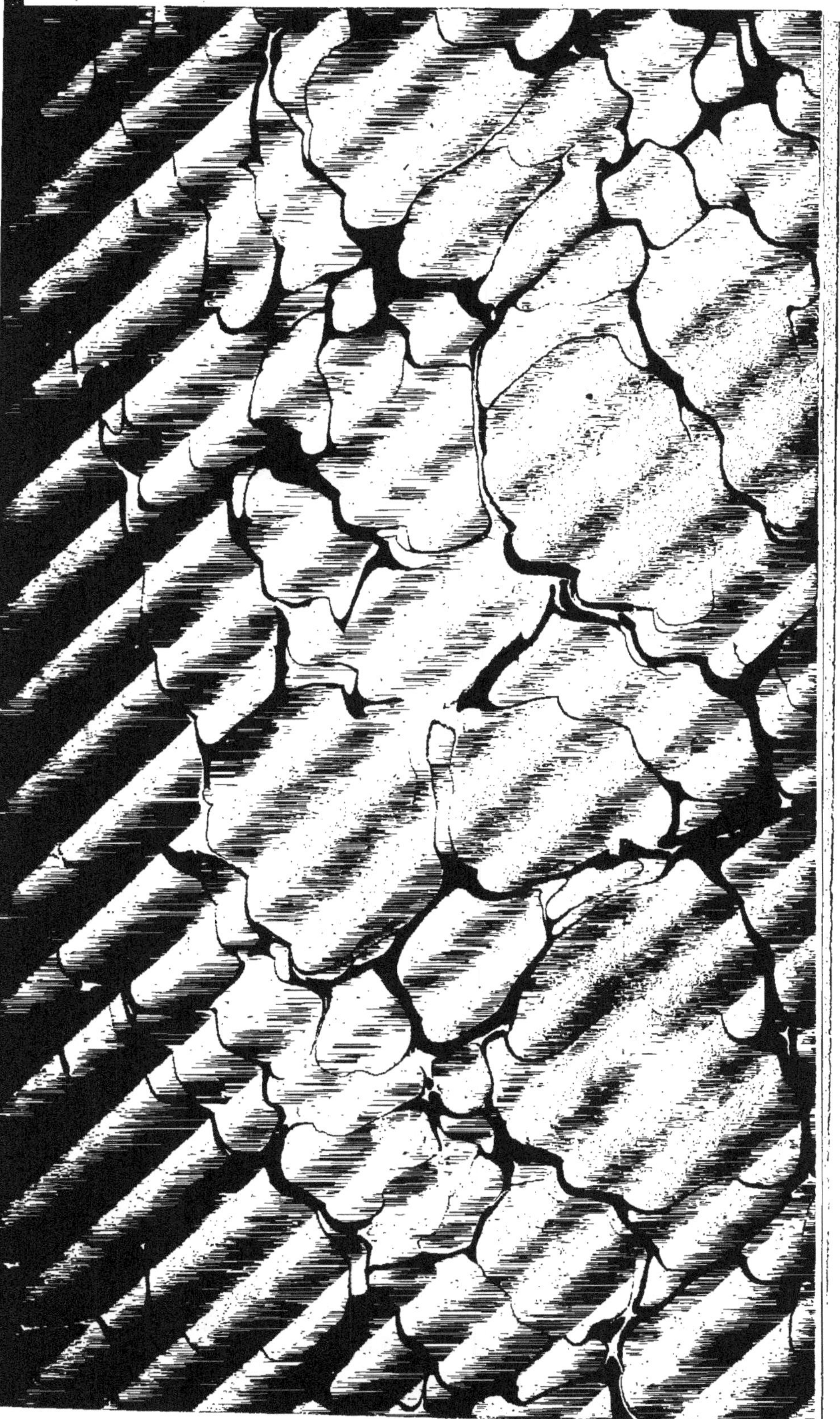

HISTOIRE NATURELLE

DES

COLÉOPTÈRES

DE FRANCE

PAR

E. MULSANT
Bibliothécaire-adjoint de la ville de Lyon,
Correspondant de l'Institut, etc.

ET

Cl. REY
Membre des Sociétés Linnéenne et d'Agriculture de Lyon, etc.

BRÉVIPENNES

(ALÉOCHARIENS)

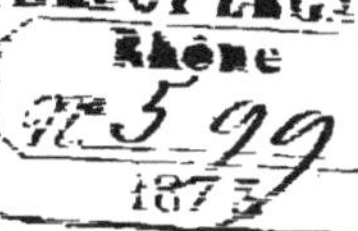

PARIS
DEYROLLE, NATURALISTE
RUE DE LA MONNAIE, 19

1873

COLÉOPTÈRES

DE FRANCE

HISTOIRE NATURELLE

DES

COLÉOPTÈRES

DE FRANCE

PAR

E. MULSANT

Bibliothécaire-adjoint de la ville de Lyon,
Correspondant de l'Institut, etc.

ET CL. REY

Membre des Sociétés Linnéenne et d'Agriculture de Lyon, etc.

BRÉVIPENNES

(ALÉOCHARIENS)

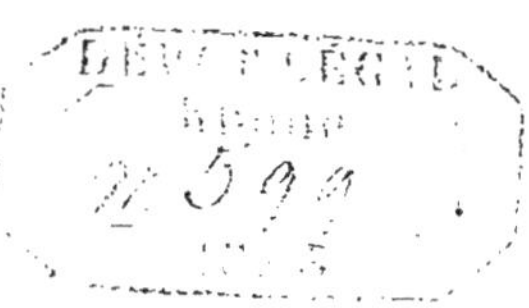

PARIS

DEYROLLE FILS, LIBRAIRE-ÉDITEUR

Rue de la Monnaie, 19

1873

LYON, ASSOCIATION TYPOGRAPHIQUE. — C. RIOTOR, RUE DE LA BARRE, 12.

A Monsieur

GABRIEL TAPPES

Membre de la Société Entomologique de France.

MONSIEUR,

L'Entomologie vous doit déjà quelques notes et travaux intéressants, et vous nous préparez une belle Monographie des Cryptocéphales ; voilà bien assez de titres scientifiques pour justifier l'hommage que nous aimons à vous faire de ces pages ;

mais c'est l'amitié qui vous les offre ; veuillez les accueillir avec bienveillance et recevoir l'assurance des sentiments affectueux avec lesquels

Nous avons l'honneur d'être

Vos dévoués serviteurs,

E. MULSANT, CL. REY.

Lyon, le 4 juillet 1873.

TABLE ALPHABÉTIQUE

DES

COLÉOPTÈRES BRÉVIPENNES

FAMILLE DES ALÉOCHARIENS

TABLEAU MÉTHODIQUE

DES

COLÉOPTÈRES BRÉVIPENNES

FAMILLE DES ALÉOCHARIENS (1)

FAMILLE DES **ALEOCHARIENS.**

1re BRANCHE. **DINARDAIRES.**

Genre *Dinarda*, Mannerheim.
Maerkeli, KIESENWETTER.
dentata, GRAVENHORST.

2e BRANCHE. **GYMNUSAIRES.**

Genre *Gymnusa*, Gravenhorst
brevicollis, PAYKULL.

Genre *Deinopsis*, Matthews.
fuscatus, MATHEWS.

Genre *Myllaena*, Erichson.
brevicornis, MATTHEWS.
rubescens, MULSANT et REY.
valida, MULSANT et REY.
dubia, GRAVENHORST.
minuta, ERICHSON.
nicisa, MULSANT et REY.
elongata, MATTHEWS.
intermedia, ERICHSON.
infuscata, KRAATZ.
minima, KRAATZ.
gracilis, MATTHEWS.

3e BRANCHE. **DIGLOSSAIRES.**

Genre *Diglossa*, HALIDAY.
submarina, FAIRM. et LABOULB.
sinuatocollis, MULSANT et REY.
mersa, HALIDAY.
crassa, MULSANT et REY.

4e BRANCHE. **HYGRONOMAIRES.**

Genre *Hygronoma*, Erichson.
dimidiata, GRAVENHORST.

5e BRANCHE. **OLIGOTAIRES.**

Genre *Microcera*, Mannerheim.
flavicornis, BOISD. et LACORDAIRE.

(1) Des *Aléochariens* contenus dans ce volume, bien entendu.

Sous-genre *Goliota*, Muls. et Rey.

granaria, ERICHSON.

Genre *Oligota*, Mannerheim.

Sous-genre *Logiota*, Muls. et Rey.

rufipennis, KRAATZ.
apicata, ERICHSON.
xanthopyga, KRAATZ.
picescens, MULSANT et REY.

Sous-genre *Oligota* vera.

subsericans, MULSANT et REY.
inflata, MANNERHEIM.
picipennis, MULSANT et REY.
parva, KRAATZ.
aliena, MULSANT et REY.
convexa, MULSANT et REY.
australis, MULSANT et REY.
atomaria, ERICHSON.
fuscipes, MULSANT et REY.
pilosa, MULSANT et REY.
pusillima, GRAVENHORST.
misella, MULSANT et REY.

TRIBU

DES

BRÉVIPENNES

PAR E. MULSANT ET CL. REY

QUINZIÈME FAMILLE

ALÉOCHARIENS (1)

CARACTÈRES. *Corps* plus ou moins allongé, rarement court. *Tête* tantôt saillante, tantôt infléchie, sans saillie antennaire distincte, généralement assez dégagée, ordinairement sans cou, quelquefois avec un cou grêle. *Front* plus ou moins prolongé au-delà de l'insertion des antennes; *vertex* sans ocelles. *Tempes* séparées en-dessous par une intervalle plus ou moins sensible. *Antennes* de 11 articles; insérées sur le front, un peu en dedans des parallèles tirées de la base externe de chaque mandibule ou sur ces parallèles mêmes, entre les yeux ou sur une ligne tangente au bord antérieur de ceux-ci, dans une fossette située contre le bord ou près du bord antéro-interne des mêmes organes. *Prothorax* de forme variable. *Élytres* non rebordées (2) sur les côtés, ne dépassant pas la poitrine ou laissant l'abdomen presque en entier à

(1) En donnant les caractères du groupe des *Staphylinides*, nous présenterons le tableau des différentes familles qui le composent.

(2) Excepté le genre *Dinarda*, où les côtés, fortement repliés en-dessous, ainsi que l'a fort bien remarqué M. Pandellé, forment, comme une arête tranchante, séparant la page supérieure de la partie réfléchie.

découvert. *Abdomen* plus ou moins fortement rebordé latéralement, possédant le plus souvent la faculté de se redresser en l'air; *le segment de l'armure* généralement caché. *Prosternum* ordinairement (1) peu développé au devant des hanches antérieures. *Mésosternum* court, presque toujours (2) peu prolongé au devant des hanches intermédiaires, plus ou moins échancré en avant. *Métasternum* non ou à peine sinué au devant de l'insertion de la lame supérieure des hanches postérieures. *Hanches antérieures* coniques, saillantes, généralement moins longues que les cuisses : *les intermédiaires* ovales ou conico-ovalaires, non ou peu saillantes, obliquement disposées: *les postérieures* à *lame supérieure* conique ou en carré long; *à lame inférieure* plus ou moins large, transverse, horizontale, fortement explanée, distinctement séparée et sur un plan inférieur. *Tibias* pubescents, rarement épineux.

Obs. Cette famille est la plus nombreuse et la plus difficile à étudier de toute la tribu des *Brévipennes*. On s'est servi, pour ses subdivisions, de la forme des angles postérieurs du prothorax qui sont excessivement variables, ou bien de la structure des organes de la bouche, tels que les palpes, les mâchoires, la languette et les paraglosses, organes dont l'étude nous a paru inextricable, pour ne pas dire presque impossible, en raison soit de leur petitesse qui échappe parfois à l'examen, soit de leur consistance le plus souvent membraneuse qui les rend susceptibles de se raccornir et par conséquent de se défigurer.

Nous avons donc été obligés, pour distribuer nos *Aléochariens* eu plusieurs branches, de rejeter les classifications difficiles dont nous venons de parler, pour nous rattacher en partie à la méthode de Jacquelin Du Val, laquelle repose sur le nombre des articles des tarses et des antennes. Nous disons *en partie*, car nous avons cru devoir ou la faire précéder de caractères dominateurs, ou nous en écarter parfois pour ne pas trop éloigner les uns des autres des genres dont le faciès et les mœurs offrent la plus grande analogie.

(1) Excepté les genres *Falagria, Cardiola, Autalia.*

(2) Excepté les mêmes genres.

Nous distribuons la famille des *Aléochariens* en huit branches, de la manière suivante :

Elytres

- avec une arête latérale tranchante. *Tarses hétéromères*... DINARDAIRES.
- mutiques ou sans arête sur les côtés. *Abdomen*
  - terminé par 2 styles plus ou moins saillants. *Tibias, les intermédiaires et postérieurs* surtout, munis au bout de leur tranche supérieure de 2 éperons distincts : *celle-ci* parée de quelques épines ou soies spiniformes éparses. *Prothorax* embrassant en arrière les élytres. *Corps* fusiforme, à forme de *Tachypore* ou de *Conure*. *Tarses* sétacés, hétéromères, pentamères, ou trimères. *Palpes labiaux* sétiformes........................ GYMNUSAIRES.
  - non terminé par deux styles apparents. *Tibias intermédiaires et postérieurs* très-rarement munis au bout de leur tranche supérieure de 2 éperons distincts : *celle-ci* mutique, *celle des antérieurs et intermédiaires* parfois avec une série régulière de petites épines. *Tarses*
    - tous de 4 articles. *Antennes*
      - de 11 articles. *Tarses* courts, assez épais, subdéprimés, parfois subélargis au bout. *Tibias antérieurs*
        - avec une dent avant le sommet de leur tranche supérieure. *Les 2e et 3e articles des palpes maxillaires* notablement allongés. *Palpes labiaux* longs, sétacés, de 2 articles. *Corps* subdéprimé, étroit, sublinéaire.... DIGLOSSAIRES.
        - sans dent avant le sommet de leur tranche supérieure. *Les 2e et 3e articles des palpes maxillaires* peu allongés. *Palpes labiaux* petits, de 3 articles. *Corps* déprimé, très-étroit, linéaire. HYGRONOMAIRES.
      - de 10 articles. *Corps* plus ou moins convexe. *Tarses* grêles, subfiliformes...................... ... OLIGOTAIRES.
    - tous de 5 articles.................... ALÉOCHARAIRES.
    - *antérieurs* de 4 articles, *les intermédiaires et postérieurs* de 5............. MYRMÉDONIAIRES.
    - *antérieurs et intermédiaires* de 4 articles, *les postérieurs* de 5................. BOLITOCHARAIRES.

PREMIÈRE BRANCHE

DINARDAIRES

Caractères. *Corps* assez large, ovale-oblong, atténué en arrière. *Tête* peu saillante. *Tempes* avec un rebord latéral arqué. *Palpes* de forme et de grandeur normales. *Antennes* courtes, assez robustes, subfusiformes; de **11** articles. *Prothorax* fortement transverse, plus étroit en avant, plus large en arrière que les élytres, explané sur les côtés, échancré au sommet, bissinué à sa base avec les angles postérieurs aigus et très-saillants. *Elytres* avec une arête latérale tranchante et explanée. *Prosternum* peu développé au devant des hanches postérieures. *Lame mésosternale* en triangle rétréci en pointe acérée et prolongée jusqu'au sommet des *hanches intermédiaires*: celles-ci légèrement distantes. *Tibias* simplement et à peine ciliés ou pubescents sur leur tranche externe. *Tarses antérieurs* de 4 articles, *les intermédiaires et les postérieurs* de 5.

Obs. Nous avons cru devoir former cette branche sur le seul genre *Dinarda*, et la placer en tête de nos *Aléochariens*. Elle est remarquable par sa forme générale et par la tranche latérale des élytres, deux caractères qui rappellent la famille des *Tachyporiens*; car ceux-ci offrent toujours une forme plus ou moins atténuée en arrière et les élytres munies sur les côtés d un rebord distinct. *Les Dinardaires* marchent donc naturellement après cette famille.

Ils ne se composent que d'un seul genre.

Genre *Dinarda*, Dinarde, Mannerheim.

Mannerheim. Brach., p. 63.

Etymologie: δινέω, je fais tourner; ἄρδην, en l'air (1).

Caractères. *Corps* assez large, ovale-oblong, subdéprimé en dessus, postérieurement atténué, ailé.

(1) Sans doute à cause de la propriété que possèdent les espèces de ce genre, de recourber leur abdomen au-dessus de leur corps.

Tête petite, subtransverse, beaucoup plus étroite que le prothorax, à peine ou non resserrée à sa base, subtriangulairement rétrécie en avant, peu saillante et sensiblement inclinée. *Tempes* avec un rebord latéral fortement arqué, séparées en dessous par un large intervalle. *Epistome* tronqué ou subéchancré (1) en avant. *Labre* court, fortement transverse, largement tronqué au sommet, subarrondi sur les côtés. *Mandibules* assez robustes, très-peu saillantes, simples à leur sommet, mutiques en dedans, arquées. *Palpes maxillaires* médiocrement developpés, de 4 articles: les 2e et 3e allongés : celui-ci un peu plus long que le 2e, à peine plus épais vers son extrémité, obconique : le dernier grêle, subulé, un peu plus long que la moitié du précédent, subatténué vers son extrémité. *Palpes labiaux* petits, de 3 articles : le 1er épais : le 2e à peine plus court mais plus étroit : le dernier au moins aussi long mais plus grêle que le précédent, subcylindrique. *Menton* fortement transverse, trapéziforme, beaucoup plus étroit en avant, subéchancré au sommet. *Tige des mâchoires* subrectangulée à la base.

Yeux petits, subovalaires, peu saillants, situés sous une saillie latérale et obtuse du front, assez loin du bord antérieur du prothorax.

Antennes courtes, assez robustes, subfusiformes ou épaissies vers leur milieu et subatténuées vers leur extrémité ; insérées dans une fossette subarrondie et assez profonde, joignant le bord antéro-interne des yeux ; de 11 articles ; le 1er suboblong, à peine épaissi : les 2e et 3e peu allongés, subcylindrico-coniques : celui-ci sensiblement plus long que le précédent : le 4e légèrement, les 5e à 10e fortement transverses et fortement contigus : le dernier grand, assez allongé, conico-subovalaire.

Prothorax court, fortement transverse, plus large à sa base que les élytres, beaucoup plus étroit en avant, assez profondément échancré à son bord antérieur qui est de niveau avec le vertex ; très-largement explané sur les côtés avec ceux-ci arqués sur leur tranche, les angles antérieurs mousses, les postérieurs aigus, très-saillants et débordant sensiblement les épaules ; bissinué à sa base avec le lobe médian large

(1) L'épistome paraît souvent angulairement subéchancré en avant, mais il est à noter que l'échancrure est exactement remplie par un tégument corné et appartenant à l'épistome lui-même.

et recouvrant un peu la base des élytres. *Repli inférieur* très-large, non ou à peine visible de côté, subangulairement dilaté presque derrière les hanches antérieures.

Ecusson assez grand, transverse, triangulaire.

Elytres courtes, formant ensemble un carré fortement transverse; tronquées au sommet mais profondément sinuées vers leur angle postéro-externe qui est très-aigu et acuminé vu de dessus; presque rectilignes sur leurs côtés qui offrent un rebord largement explané en forme de tranche, séparant la page supérieure du *repli inférieur*; celui-ci assez large, à bord interne légèrement arqué. *Epaules* non saillantes.

Prosternum peu développé au devant des hanches antérieures, offrant entre celles-ci un large triangle rétréci postérieurement en pointe aiguë. *Mésosternum* à *lame médiane* finement et longitudinalement carinulée sur son milieu, en triangle rétréci à son sommet en pointe acérée et prolongée presque jusque vers le sommet des hanches intermédiaires. *Médiépisternums* et *médiépimères* assez développés: celles-ci trapéziformes. *Métasternum* subobliquement coupé sur les côtés de son bord apical (1), subéchancré au-dessus des insertions des hanches postérieures, prolongé entre celles-ci en angle peu prononcé, avancé entre les intermédiaires en angle assez aigu. *Postépisternums* très-développés, allongés en forme de languette sublongitudinale et sensiblement atténuée postérieurement, à bord interne divergeant un peu en arrière du repli des élytres. *Postépimères* très-grandes, subtriangulaires, ne dépassant pas le sommet des élytres.

Abdomen assez court, assez fortement atténué en arrière, à peine ou un peu moins large à sa base que les élytres, plan en dessus, fortement et épaissement rebordé sur les côtés, pouvant plus ou moins se redresser en l'air: à 2e segment basilaire un peu découvert: les 5 premiers apparents subégaux: les 2 premiers légèrement, le 3e à peine impressionnés à leur base: celui précédant l'armure plus ou moins visible, rétractile: celui de l'armure peu saillant. *Ventre* convexe, à arceaux

(1) L'obliquité va de dehors en dedans et d'arrière en avant et cela dans tous les genres où elle existe. En tous cas, elle est toujours très-faible.

paraisssant graduellement plus courts : celui de l'armure médiocrement saillant.

Hanches antérieures grandes, assez saillantes, coniques, obliques, un peu renversées en arrière, subconvexes en avant, subexcavées en dessous, contiguës ou subcontiguës à leur sommet. *Les intermédiaires* beaucoup moindres, nullement saillantes, en cône allongé, obliquement disposées, légèrement distantes. *Les postérieures* assez développées, contiguës ou subcontiguës intérieurement à leur base ; à *lame supérieure* réduite en dehors à un liseré très-étroit, mais brusquement dilatée en dedans en cône court et assez saillant; à *lame inférieure* transverse, horizontale, subdéprimée, médiocrement large, un peu plus étroite extérieurement, à angle apical externe aigu mais subarrondi au sommet.

Pieds assez courts, peu robustes. *Trochanters* en forme d'onglet; *les postérieurs* beaucoup plus grands, subarrondis à leur côté extérieur. *Cuisses* débordant un peu ou médiocrement les côtés du corps, comprimées, non ou à peine élargies vers leur milieu, distinctement rainurées en dessous vers leur extrémité. *Tibias* au moins aussi longs que les cuisses, presque droits, sublinéaires ou à peine rétrécis vers leur base, armés au bout de leur tranche inférieure de 2 petits éperons droits et divergents. *Tarses* grêles, subatténués vers leur extrémité, ciliés en dessous, médiocrement allongés mais néanmoins sensiblement moins longs que les tibias ; *les antérieurs* de 4, *les intermédiaires et postérieurs* de 5 articles : *les antérieurs* avec les 3 premiers articles assez courts et subégaux : *les intermédiaires* à 1er article oblong ou suballongé, les 3 suivants graduellement un peu plus courts : *les postérieurs* à 1er article assez allongé (1), les 2e et 4e oblongs, graduellement un peu moins longs ; le dernier de tous les tarses égal au moins aux 2 précédents réunis. *Ongles* très-grêles, simples, faiblement arqués, infléchis.

Obs. Ce genre ne renferme que deux espèces de taille moyenne et vivant dans les fourmilières. Leur démarche est assez lente.

Elles se reconnaissent facilement à leur forme subdéprimée, à la

(1) Cet article est visiblement plus long que le suivant.

saillie des angles postérieurs du prothorax, à leur abdomen rétréci postérieurement, et surtout à leurs élytres rebordées sur leurs côtés, caractère important qui ne se rencontre dans aucun autre genre de la famille de *Aléochariens*, et qui nous a engagés à faire du genre *Dinarda* la base d'une branche distincte, liant les *Aléochariens* aux *Tachyporiens*.

Les yeux sont à facettes assez grossières et ils nous ont paru glabres.

On ne connaît que deux espèces de *Dinarda*, dont voici les principales différences :

a. *Antennes* assez fortement épaissies en fuseau. *Front* à peine subimpressionné entre les yeux. *Angles postérieurs du prothorax* à peine aussi prolongés en arrière que le lobe médian. *Maerkeli.*

aa. *Antennes* médiocrement épaissies en fuseau. *Front* longitudinalement subimpressionné sur son milieu. *Angles postérieurs du prothorax* un peu plus prolongés en arrière que le lobe médian. *dentata.*

1. **Dinarda Maerkeli**, Kiesenwetter.

Oblongue, déprimée, finement pubescente, peu brillante, noirâtre, avec la base et le sommet des antennes, les côtés du prothorax d'un rouge-ferrugineux, et l'extrémité de l'abdomen d'un roux de poix. Tête densement et râpeusement ponctuée, à peine subimpressionnée entre les yeux. Antennes assez fortement épaissies. Prothorax très-fortement transverse, arrondi et largement explané sur les côtés, avec les angles postérieurs acuminés ; à peine sillonné sur sa ligne médiane ; assez densement et râpeusement ponctué. Elytres courtes, subdéprimées, assez densement et râpeusement ponctuées. Abdomen fortement atténué en arrière, éparsement ponctué.

Dinarda Maerkeli, de Kiesenwetter, Stett. Ent. Zeit. 1843, IV, 308.—Redtenbacher, Faun. austr. 674.—Fairmaire et Laboulbène, Faun. Ent. Fr. 1. 464. 2. — Kraatz, Ins. Deut. 11, 110, 1. — Thomson, Skand, Col. 11, 245, 2, 1860.

Long. 0m,0044 (2 l.). — Larg 0m,0017 (3/4 l.)

Corps ovale-oblong, obtus en avant, fortement atténué postérieurement, peu brillant.

Tête beaucoup plus étroite que le prothorax, densement et rugueusement ponctuée, d'un noir mat, à peine pubescente. *Front* presque plan ou à peine impressionné entre les yeux. *Epistome* convexe, parfois ferrugineux en avant, offrant derrière son bord antérieur quelques soies redressées. *Labre* subconvexe, presque lisse et brillant, d'un brun ou d'un roux de poix, éparsement cilié vers son sommet. *Parties de la bouche* d'un roux ferrugineux, avec les *palpes* un peu plus clairs et l'extrémité des *mandibules* plus foncée.

Yeux subovalaires, noirs.

Antennes plus courtes que la tête et le prothorax réunis ; assez fortement et graduellement épaissies, dès le troisième article, en fuseau allongé ; brunâtres avec les trois premiers articles d'un roux-ferrugineux et le dernier d'un roux-testacé, le sommet du troisième plus ou moins rembruni et la base des suivants parfois roussâtre ; légèrement pubescentes, et en outre parées d'un cil obscur de chaque côté vers le sommet de chaque article ; le 1er suboblong, presque en massue, à peine épaissi : les 2e et 3e subcylindrico-coniques : le 2e court : le 3e oblong, au moins d'un tiers plus long : le 4e médiocrement, les 5e à 10e fortement transverses : le dernier allongé, presque conique, un peu plus long que les deux précédents réunis, subacuminé au sommet.

Prothorax très-fortement transverse, amplement deux fois aussi large que long ; beaucoup plus étroit en avant ; plus large en arrière que la base des élytres ; assez fortement et subcirculairement échancré au sommet, avec les angles antérieurs obtus et arrondis ; assez fortement arrondi sur les côtés, avec ceux-ci se redressant un peu subparallèlement en arrière ; assez profondément bissinué à sa base, avec le lobe médian largement arrondi, au moins aussi saillant que les angles postérieurs qui sont très-aigus, acuminés et prolongés en arrière, et qui débordent sensiblement les épaules ; légèrement convexe sur son disque et largement explané latéralement ; très-obsolètement ou à peine sillonné sur sa ligne médiane ; revêtu d'une fine pubescence cendrée, couchée et peu serrée ; assez densement et râpeusement ponctué, avec les intervalles des points très-finement et obsolètement chagrinés ; d'un noir peu brillant, passant insensiblement au rouge ferrugineux sur la partie explanée.

Ecusson rugueusement pointillé, à peine pubescent, d'un noir presque mat.

Elytres courtes, de la longueur environ du prothorax ; un peu plus larges en arrière ; largement relevées vers leurs côtés qui sont tranchants et à peine arqués ; profondément échancrées vers leur angle postéro-externe qui est spiniforme ; subdéprimées ; revêtues d'une fine pubescence flave, couchée et peu serrée ; râpeusement, mais à peine moins fortement et un peu moins densement ponctuées que le prothorax ; d'un rouge ferrugineux peu brillant, avec la tranche latérale et parfois la suture plus sombres.

Epaules non saillantes, arrondies.

Abdomen assez court, à peine moins large à sa base que les élytres ; à peine arrondi en avant sur les côtés et puis fortement atténué postérieurement ; subdéprimé antérieurement, subconvexe en arrière ; recouvert d'une pubescence assez longue, semi-couchée, médiocrement serrée, blonde et soyeuse vue d'avant en arrière ; subéparsement et subrâpeusement ponctué vers la base, graduellement plus lâchement en approchant de l'extrémité ; d'un noir de poix brillant avec le bord apical des premiers segments parfois un peu rougeâtre, le segment précédant l'armure et le sommet du 5e d'un roux de poix et garnis de soies plus longues et plus frisées. *Les cinq premiers segments apparents* subégaux : les deux premiers assez légèrement et le 3e à peine impressionnés en travers à leur base. *Le segment précédant l'armure* médiocrement saillant, obtusément arrondi à son bord apical. *Celui de l'armure* souvent caché.

Prosternum subruguleux, noirâtre. *Repli du prothorax* d'un roux-ferrugineux, presque lisse et brillant en arrière. *Le reste de la poitrine* d'un noir assez brillant, râpeusement et assez densement ponctué, finement pubescent. *Hanches* ferrugineuses : *les antérieures* rugueuses et légèrement pubescentes en devant : *les postérieures* râpeusement pointillées et soyeuses, surtout sur leur lame supérieure.

Ventre convexe ; assez densement et assez longuement pubescent, avec la pubescence presque semblable à celle du dessus de l'abdomen ;

assez densement et râpeusement ponctué; d'un noir de poix brillant, avec le bord apical de chaque arceau plus clair, et celui précédant l'armure souvent entièrement d'un roux de poix : ce dernier, obtusément arrondi ou parfois à peine subangulé à son sommet, ordinairement plus saillant que le segment abdominal correspondant.

Pieds assez courts, peu robustes, finement pubescents, finement et râpeusement pointillés, d'un ferrugineux assez brillant. *Cuisses* subcomprimées; *les antérieures* subatténuées vers leur extrémité ; *les intermédiaires et postérieures* à peine élargies vers leur milieu. *Tibias* assez grêles, presque droits, sublinéaires. *Tarses* grêles, à peine subatténués vers leur extrémité, suballongés, sensiblement moins longs que les tibias, assez longuement mais peu densement ciliés en dessous et à peine en dessus, généralement d'une couleur un peu plus claire que celle du reste des pieds.

Patrie. Cette espèce est assez rare. On la trouve dans les nids des *formica rufa* et *cunicularia*, aux environs de Paris, de Dijon, dans la Normandie, la Bresse, les montagnes du Lyonnais, les Alpes, etc.

Obs. Quelquefois la couleur de l'abdomen, tant en dessus qu'en dessous, devient d'un rouge de poix graduellement plus clair vers son extrémité. Chez les sujets immatures, les côtés et la base du prothorax, les élytres, la base et le sommet de l'abdomen, sont d'un roux ferrugineux assez clair.

2. **Dinarda dentata.** Gravenhorst.

Oblongue, déprimée, finement pubescente, peu brillante, noirâtre, avec la base et le sommet des antennes, les côtés du prothorax et les élytres d'un rouge ferrugineux, et l'extrémité de l'abdomen d'un roux de poix. Tête densement et rugueusement ponctuée, obsolètement sillonnée sur sa ligne médiane. Antennes médiocrement épaissies. Prothorax très-fortement transverse, arrondi et largement explané sur les côtés, avec les angles postérieurs fortement acuminés et subobliquement déjetés en dehors; obsolètement sillonné sur sa ligne médiane; densement et râpeusement ponctué.

Elytres courtes, subdéprimées, densement et râpeusement ponctuées. Abdomen assez fortement atténué en arrière, éparsement ponctué.

Staphylinus strumosus, PAYKULL. Faun. suec. III. 402. 45.

Lomechusa dentata, GRAVENHORST. Mon. 181. 4. — GYLLENHAL, Ins. suec. II. 441. 4.

Dinarda dentata, MANNERHEIM. Brach. 65. 1. — BOISDUVAL et LACORDAIRE, Faun. Ent. Par. 1. 542. 1. — ERICHSON, Col. march. 1. 374. 1. — Id. Gen. et Spec. Staph. 201. 1. — HEER, Faun. col. Helv. 1. 305. 1. — REDTENBACHER, Faun. austr. 674. — FAIRMAIRE et LABOULBÈNE, Faun. Ent. Fr. 1. 464. 1. — — KRAATZ, Ins. Deut. II. 111. 2. — JACQUELIN DU VAL, Gen. Col. Eur. Staph. pl. 4. fig. 17. — THOMSON. Skand. col. II. 244. 1. 1860.

Long. 0m,0035 (1 l. 1/2). — Larg. 0m,0015 (2/3 l.)

Corps ovale-oblong, obtus en avant, sensiblement atténué postérieurement, peu brillant.

Tête beaucoup plus étroite que le prothorax, à peine pubescente, densement et rugueusement ponctuée, d'un noir mat. *Front* obsolètement sillonné sur sa ligne médiane sur presque toute sa longueur. *Epistome* convexe, parfois obscurément ferrugineux en avant, offrant derrière son bord antérieur quelques soies redressées. *Labre* subconvexe, presque lisse et brillant, d'un brun de poix, éparsement cilié vers son sommet. *Parties de la bouche* d'un roux ferrugineux, avec les *palpes* un peu plus clairs et l'extrémité des *mandibules* plus foncée.

Yeux subovalaires, noirs.

Antennes plus courtes que la tête et le prothorax réunis : sensiblement et graduellement épaissies, dès le 3e article, en fuseau allongé ; obscures, avec les trois premiers articles d'un roux ferrugineux et le dernier d'un roux testacé, le sommet du 3e un peu rembruni et la base des suivants parfois d'un rouge brun ; très-légérement pubescentes, et en outre parées sur les côtés vers le sommet de chaque article d'un cil obscur ; le 1er article suboblong, à peine épaissi, en massue obconique : les 2e et 3e subcylindrico-coniques : le 2e court, le 3e oblong, au moins d'un tiers plus long ; le 4e médiocrement, les 5e à 10e fortement transverses : le dernier allongé, presque conique, un peu plus long que les deux précédents réunis, obtusément acuminé au sommet.

Prothorax très-fortement transverse, deux fois aussi large que long; beaucoup plus étroit en avant; plus large en arrière que la base des élytres; fortement échancré au sommet, avec les angles antérieurs subobtus et étroitement arrondis et le milieu de l'échancrure presque rectiligne ou même à peine avancé, au point de la faire paraître subsinuée de chaque côté; largement arrondi sur les côtés, avec ceux-ci à peine subsinués en arrière; profondément bissinué à sa base avec le lobe médian largement arrondi, un peu moins saillant que les angles postérieurs qui sont très-aigus, acuminés, fortement prolongés en arrière, un peu et subobliquement déjetés en dehors, où ils débordent assez fortement les épaules; légèrement convexe sur son disque et largement explané latéralement; obsolètement sillonné sur sa ligne médiane; revêtu d'une très-fine pubescence cendrée, couchée et peu serrée; densement et râpeusement ponctué avec les intervalles des points à peine chagriné; d'un noir peu brillant, passant au rouge ferrugineux sur la partie explanée.

Ecusson à peine pubescent, rugueux, obscur.

Elytres courtes, de la longueur du prothorax, à peine plus larges en arrière; assez largement relevées vers leurs côtés, qui sont tranchants et presque rectilignes; fortement sinuées vers leur angle postéro-externe, qui est subspiniforme; subdéprimées; densement, râpeusement, mais un peu moins fortement ponctuées que le prothorax; revêtues d'une fine pubescence flave, couchée et peu serrée; d'un roux-ferrugineux peu brillant avec la région suturale souvent plus foncée. *Epaules* non saillantes, subarrondies.

Abdomen assez court; un peu moins large à sa base que les élytres; légèrement arrondi sur les côtés derrière celle-ci et puis assez fortement atténué postérieurement; subdéprimé en avant, subconvexe en arrière; recouvert d'une pubescence médiocre, peu serrée, un peu couchée et d'un blond soyeux vue d'avant en arrière; subéparsement, légèrement et subrâpeusement ponctué, et à peine plus lâchement en approchant de l'extrémité; d'un noir de poix brillant avec le sommet des premiers segments à peine moins foncé, l'extrémité du 5e et celui précédant l'armure d'un roux de poix : celui-ci garni de soies plus longues et subfrisées. *Les cinq premiers segments apparents* subégaux : les deux premiers légèrement et le 3e à peine impressionnés en travers à leur base. *Le segment précédant l'armure* médiocrement saillant, obtusément arrondi à son bord apical. *Celui de l'armure* plus ou moins caché.

Prosternum rugueux, obscur. *Repli du prothorax* ferrugineux, lisse et brillant en arrière. *Le reste de la poitrine* finement pubescent; râpeusement et assez densement ponctué et plus légèrement sur le milieu du métasternum; d'un noir assez brillant. *Hanches antérieures* rugueusement ponctuées et légèrement pubescentes en avant : *les postérieures* râpeusement pointillées et soyeuses, surtout sur leur lame supérieure.

Ventre convexe, assez densement pubescent, avec la pubescence un peu plus longue que celle du dessus de l'abdomen ; assez densement et subrâpeusement ponctué ; d'un noir de poix brillant, avec l'extrémité de chaque arceau roussâtre et celui précédant l'armure entièrement d'un roux de poix : ce dernier, obtusément tronqué à son bord apical, un peu plus saillant que le segment abdominal correspondant.

Pieds assez courts, peu robustes, finement pubescents, finement et râpeusement pointillés, d'un roux ferrugineux assez brillant. *Cuisses* subcomprimées : *les antérieures* subatténuées vers leur extrémité : *les intermédiaires et postérieures* à peine élargies dans leur milieu. *Tibias* assez grêles, presque droits, sublinéaires. *Tarses* suballongés, grêles, à peine subatténués vers leur extrémité ; sensiblement moins longs que les tibias; assez longuement mais peu densement ciliés en dessous, à peine en dessus; d'une couleur plus pâle que celle du reste des pieds.

Patrie. Cette espèce est un peu plus répandue que la précédente, et se rencontre également avec les *formica rufa et cunicularia*, aux environs de Paris et de Lyon, en Alsace, dans la Normandie, la Bourgogne, dans le Bugey, au mont Pilat, dans les montagnes du Beaujolais, de la Loire et de la Lozère, etc.

Obs. Elle ressemble beaucoup à la *Dinarda Maerkeli*; mais elle est plus petite, avec la couleur généralement un peu moins sombre et la forme proportionnellement un peu moins large. Les antennes sont un peu moins épaisses; le front est assez distinctement sillonné sur son milieu. La ponctuation du prothorax est un peu plus serrée; ses angles antérieurs sont un peu moins obtus par le fait que la tranche latérale est moins fortement et un peu moins régulièrement arrondie; sa base est un peu plus profondément sinuée, avec les angles postérieurs un peu plus aigus, un peu plus prolongés en arrière et subdéjetés en dehors; l'échancrure antérieure est moins régulièrement circulaire; et la ligne médiane est plus distinctement sillonnée. Les élytres, un peu moins fortement et un peu plus densement ponctuées, sont un peu moins fortement sinuées vers leur angle postéro-externe, avec leurs côtés un peu plus droits et un peu moins largement relevés. Enfin, l'abdomen, moins fortement atténué en arrière, paraît offrir une pubescence un peu moins longue et un peu moins serrée, etc.

DEUXIÈME BRANCHE

GYMNUSAIRES

Caractères. *Corps* oblong, atténué en avant et en arrière. *Tête* non saillante, fortement engagée dans le prothorax. *Tempes* avec un rebord latéral sensible. *Palpes maxillaires* notablement développés. *Palpes labiaux* sétiformes. *Antennes* plus ou moins allongées, grêles, subfiliformes; de 11 articles. *Prothorax* plus ou moins transverse, rétréci en avant, plus ou moins bissinué à sa base, embrassant en arrière les élytres, avec les angles postérieurs tantôt obtus, tantôt bien prononcés. *Elytres* courtes, simples et mutiques sur leurs côtés. *Prosternum* très-peu développé au devant des hanches antérieures. *Lame mésosternale* en angle aigu, à sommet rétréci, en pointe aciculée jusqu'aux deux tiers ou jusque vers le sommet des *hanches intermédiaires* : celles-ci très-rapprochées mais non contiguës. *Abdomen* offrant au sommet 2 styles ou lanières plus ou moins saillantes. *Tibias* moins longs que les cuisses, parés çà et là de quelques épines ou soies spiniformes; munis au bout de leur tranche supérieure, *les intermédiaires et posté-*

rieurs surtout, de 2 petits éperons distincts. *Tarses* sétacés, hétéromères, pentamères ou trimères.

Obs. Par leur corps atténué aux deux extrémités, par les tibias plus courts que les cuisses et parés de quelques épines ou soies spiniformes, les *Gymnusaires* rappellent un peu les *Tachyporiens*, dont ils diffèrent par l'insertion des antennes. Cette branche se distingue de tous les autres *Aléochariens*, outre la forme générale, par les tibias, surtout les intermédiaires et postérieurs, épineux, armés au bout de leur tranche supérieure, de deux petits éperons distincts (1).

Elle comprend trois genres, différant essentiellement par le nombre des articles des tarses, mais se ressemblant tellement sous tous les autres rapports, qu'il n'est pas possible de les éloigner les uns des autres. En voici les caractères :

Tarses	tous de 5 articles. *Lame supérieure des hanches postérieures* trapéziforme. *Le 1er article des tarses postérieurs* subégal à tous les suivants réunis. *Front* muni de chaque côté près des yeux d'un pore sétifère..................................	Gymnusa.
	tous de 3 articles. *Lame supérieure des hanches postérieures* presque carrée. *Le dernier article des tarses* aussi long que les autres réunis. *Front* sans pore sétifère...........................	Deinopsis.
	antérieurs et intermédiaires de 4 articles, *les postérieurs* de 5. *Lame supérieure des hanches postérieures* conique. *Le 1er article des tarses postérieurs* subégal aux deux suivants réunis. *Front* sans pore sétifère....................................	Myllaena.

(1) On aperçoit parfois, dans les genres *Aleochara* et *Baryodma*, 2 petits éperons très-grêles au bout de la tranche supérieure des tibias intermédiaires et postérieurs; mais ici ces éperons, à peine distincts, semblent faire suite à la ciliation, tandis que dans les *Gymnusaires* ils sont séparés des épines ou soies spiniformes qui parent tant en dessus qu'en dessous les tibias. D'ailleurs, dans la branche en question, les 2e et 3e articles des palpes maxillaires sont notablement allongés, les palpes labiaux sétiformes et les tarses sétacés. De plus, l'abdomen, plus ou moins convexe en dessus, présente, à son sommet, au moins 2 lanières plus ou moins saillantes.

Genre *Gymnusa*, GYMNUSE; GRAVENHORST.

Gravenhorst, mon. p. 173.

Etymologie : γυμνός, nu.

CARACTÈRES. *Corps* suballongé ou oblong, atténué en avant et en arrière, peu convexe, ailé.

Tête assez petite, subtransverse, beaucoup plus étroite que le prothorax, fortement engagée dans celui-ci, non resserrée à sa base, subtriangulairement rétrécie en avant, non saillante, infléchie. *Front* muni de chaque côté près des yeux d'un pore sétifère. *Tempes* avec un rebord latéral arqué et tranchant; séparées en dessous par un large intervalle. *Epistome* largement tronqué en avant où il offre un espace membraneux bien apparent. *Labre* très-grand, transverse, subsemicirculaire, sensiblement resserré à sa base. *Mandibules* allongées, linéaires, bidentées et fortement recourbées en dedans à leur sommet. *Palpes maxillaires* très-développés, grêles, de 4 articles : les 2e et 3e notablement allongés : le 3e subégal au 2e, un peu cambré, à peine épaissi vers son extrémité : le dernier très-petit, étroit, subulé. *Palpes labiaux* très-longs, très-saillants, de 3 articles : le 1er très-allongé, sublinéaire, environ 5 ou 6 fois aussi long que les 2 suivants réunis; ceux-ci un peu plus étroits, très-courts, subégaux, déjetés en dessous de manière à simuler une espèce de petit crochet. *Languette* divisée au sommet en 2 lanières saillant au delà du labre et égalant presque les palpes labiaux (1). *Menton* assez grand, transverse, largement échancré en avant, avec les angles latéraux de l'échancrure saillants. *Tige des mâchoires* formant à la base une dent (2) rectangulaire prononcée.

Yeux médiocres, subovalaires, peu saillants, presque glabres, séparés du bord antérieur du prothorax par un intervalle sensible, situés moins sur les côtés que dans les autres genres.

(1) C'est le seul genre de la famille des *Aléochariens*, où la languette se montre visiblement sans le secours de l'anatomie.

(2) Pour cela il faut que la tête soit un peu relevée, sans quoi cette dent vient s'appliquer contre le repli du prothorax, et ne peut alors être aperçue.

Antennes assez allongées, grêles, à peine plus épaisses vers leur extrémité; insérées à l'angle antéro-interne des yeux, dans une fossette peu profonde; de 11 articles : les 3 premiers allongés : le 1er sensiblement épaissi : les 2e et 3e obconiques, celui-ci à peine moins long que le précédent : les 4e à 10e suballongés ou oblongs, subobconico-cylindriques, non contigus : le dernier, grand, ovalaire ou ovalaire-oblong.

Prothorax plus ou moins fortement transverse, fortement rétréci en avant, aussi large en arrière que les élytres dont il embrasse et recouvre sensiblement la base; tronqué au sommet avec les angles antérieurs infléchis et arrondis; à peine bissinué à sa base avec le lobe médian très-largement arrondi et les angles postérieurs très-obtus ; à peine ou très-finement rebordé postérieurement et sur les côtés, avec ceux-ci tranchants, régulièrement subarqués, vus latéralement. *Repli inférieur* fortement réfléchi en dessous, enfoui, non visible vu de côté.

Ecusson triangulaire, recouvert par la base du prothorax.

Elytres très-courtes, en carré plus ou moins fortement transverse, largement et simultanément échancrées à leur sommet, assez fortement sinuées vers leur angle postéro-externe; simples et à peine arquées sur les côtés. *Repli inférieur* assez étroit, à bord interne à peine arrondi. *Epaules* non saillantes, cachées par les angles postérieurs du prothorax.

Prosternum réduit à une tranche très-étroite, angulairement et obtusément élargie entre les hanches antérieures. *Mésosternum* à lame médiane en angle aigu, très-prononcé, finement carinulé sur sa ligne médiane, à sommet rétréci en pointe aciculée et prolongée jusque vers l'extrémité des hanches intermédiaires. *Médiépisternums* grands, séparés du mésosternum par une suture oblique et enfoncée; *médiépimères* assez fortement développées. *Métasternum* court, subtransversalement coupé à son bord postérieur, à peine échancré au devant de l'insertion des hanches postérieures, légèrement subangulé entre celles-ci ; assez fortement avancé entre les intermédiaires en angle bien prononcé et aigu. *Postépisternums* assez larges à leur base, rétrécis postérieurement mais tronqués au sommet, à bord interne divergeant assez fortement en arrière du repli des élytres: *postépimères* très-grandes, subtriangulaires, dilatées en dehors derrière ledit repli.

Abdomen suballongé, un peu moins large que les élytres, atténué vers son extrémité, convexe en dessus, assez fortement et épaissement rebordé sur les côtés, pouvant un peu se redresser en l'air; avec les 4 premiers segments subégaux, paraissant comme très-finement et densement frangés à leur bord apical : le 5e beaucoup plus grand, étroitement rebordé sur les côtés : le 6e assez saillant, rétractile : celui de l'armure parfois enfoui mais émettant 2 styles bien prononcés : le 2e basilaire seulement à moitié caché par les élytres. *Ventre* convexe, avec les premiers arceaux très-finement et densement frangés à leur bord apical : le 1er un peu, le 5e à peine plus grand que les intermédiaires ; le 6e peu saillant, rétractile.

Hanches antérieures très-développées, coniques, obliques, saillantes, subrenversées en arrière, très-convexes en avant, planes en dessous, contiguës au sommet. *Les intermédiaires* moins grandes, conico-subovales, déprimées, obliquement disposées, rapprochées à leur sommet mais non contiguës. *Les postérieures* très-grandes, subcontiguës intérieurement à leur base, légèrement divergentes à leur extrémité; à *lame supérieure* nulle en dehors, subitement élargie en dedans en forme de trapèze un peu oblong, plus étroit postérieurement, obliquement sinué au sommet, et recouvrant un peu la base des cuisses par son bord externe; à *lame inférieure* large, transverse, explanée, un peu plus étroite et mousse en dehors.

Pieds assez courts, assez grêles. *Trochanters antérieurs* et *intermédiaires* petits, subcunéiformes; *les postérieurs* grands, elliptiques, acuminés. *Cuisses* débordant sensiblement les côtés du corps, subcomprimées, légèrement rainurées en dessous vers leur extrémité : *les antérieures* sensiblement élargies vers leur base, *les intermédiaires et postérieures* sublinéaires. *Tibias* assez grêles, un peu moins longs que les cuisses, droits ou presque droits, légèrement rétrécis vers leur base, sublinéaires sur le reste de leur longueur; armés, surtout sur leur tranche supérieure, de quelques fortes épines, et au bout de la même tranche de 2 éperons bien apparents; munis au bout de leur tranche inférieure de 2 éperons assez longs, divergents, dont l'interne un peu plus long surtout dans les pieds postérieurs : *les antérieurs* offrant en dessous vers leur premier tiers une légère dilatation arquée, parée de quelques épines grêles, et après laquelle la tranche inférieure paraît subsinuée et très-finement frangée dans le reste de sa longueur. *Tarses* courts, sétacés, subcomprimés, sensiblement moins longs que les tibias, de 5 articles : *les antérieurs* à 1er article suballongé, aussi long que les 3 suivants réunis, les 2e à 4e courts, graduellement un peu moins courts ; *les intermédiaires* à 1er article allongé, subégal au 3 suivants réunis, les 2e à 4e assez courts ; *les postérieurs* à 1er article allongé, subégal à tous les suivants réunis, les 2e à 4e oblongs, graduellement un peu moins longs : le dernier article de tous les tarses au moins aussi long que les deux précédents réunis. *Ongles* petits, grêles, subarqués, subinfléchis, offrant entr'eux une soie frisée et redressée vers son extrémité.

Obs. Les espèces de ce genre sont d'une taille au-dessus de la moyenne. Elles vivent dans les lieux humides. Ce genre, par une exception unique entre tous les *Aléochariens*, offre de chaque côté du front, près des yeux, un pore sétifère bien distinct, ce qui le rapprocherait de certains genres de la famille des *Staphyliniens*.

Nous en connaissons une seule espèce française.

1. **Gymnusa brevicollis**; Paykull.

Suballongée ou oblongue, fusiforme, peu convexe, très-finement et assez densement pubescente, d'un noir assez brillant, avec la partie antérieure de l'épistome pâle, le 1er article des antennes et les tarses d'un roux testacé. Tête presque lisse. Front 4 - ponctué. Antennes très-faiblement épaissies vers leur extrémité, à 3e article à peine moins long que le 2e, les 4e à 10e graduellement un peu moins longs. Prothorax fortement transverse, fortement rétréci en avant, aussi large en arrière que les élytres, subconvexe, légèrement et densement pointillé. Élytres très-courtes, un peu plus longues que le prothorax, subdéprimées, assez finement, très-densement et râpeusement pointillées. Abdomen sensiblement atténué en arrière, assez finement et densement pointillé. Tarses postérieurs beaucoup moins longs que les tibias.

♂ *Le 6ᵉ segment abdominal* assez profondément et angulairement entaillé au milieu de son bord apical. *Le segment de l'armure* à peine saillant, prolongé à son sommet en angle à peine émoussé. *Le 6ᵉ arceau ventral* peu saillant, subsinué de chaque côté de son bord postérieur et prolongé dans son milieu en angle obtus. *L'arceau de l'armure* enfoui, émettant 2 longs styles spiniformes, divergeant vers leur extrémité, très-saillants, vus de dessus le dos, et semblant naître des côtés du segment abdominal correspondant (1).

♀ *Le 6ᵉ segment abdominal* légèrement sinué dans le milieu de son bord apical. *Le segment de l'armure* assez saillant, en angle arrondi au sommet. *Le 6ᵉ arceau ventral* légèrement sinué dans le milieu de son bord postérieur qui offre une légère membrane un peu plus pâle. *L'arceau de l'armure* assez saillant, présentant dans son milieu une entaille profonde, aiguë, membraneuse sur ses bords, avec les lobes latéraux sinués intérieurement et prolongés en angle aigu, saillant vu de dessus le dos de l'abdomen; émettant du fond de son entaille une languette rétrécie à son sommet en pointe aciculée, beaucoup plus prolongée que les dents latérales, très-finement chagrinée et presque plane ou longitudinalement impressionnée en dessus, subconvexe en dessous où elle est très-finement chagrinée ou presque lisse de chaque côté vers sa base et densement et râpeusement ponctuée dans sa partie moyenne suivant un losange allongé, parée latéralement, dans sa partie rétrécie, de cils assez longs dont 1 sétiforme, obscur et beaucoup plus long de chaque côté près de la pointe.

Staphylinus brevicollis, PAYKULL, Faun. suec., III, 398, 40.
Aleochara brevicollis, GYLLENHAL, Ins. suec., II, 425, 47.
Aleochara carnivora, GRAVENHORST, Mon. 171, 60.
Aleochara excusa, GRAVENHORST, Mon. 172, 66.
Gymnusa brevicollis, MANNERHEIM, Brach. 66, 1. — ERICHSON, Col. march. I, 381, 1; — Gen. et Spec. Staph. 212, 1. — HEER, Faun. Col. Helv., 1, 302, 1. — REDTENBACHER, Faun. Austr., 677. — FAIRMAIRE et LABOULBÈNE, Faun. Ent. Fr. I, 470, 1. — KRAATZ, Ins. Deut., II, 373, 1. — JACQUELIN DU VAL, Gen. col. Eur. Staph., pl. 8, fig. 40. — THOMSON, Skand. col., II, 241, 1860.

(1) Par ses différences sexuelles, cet insecte participe à la fois des *Tachinus* et de certaines *Oxypoda*.

Long., 0,0044 (2 l.). — Larg., 0,0014 (2/3 l.).

Corps oblong ou même suballongé, fusiforme, peu convexe, d'un noir assez brillant; revêtu d'une très-fine pubescence d'un gris obscur, assez courte, couchée et assez serrée.

Tête infléchie, à peine plus large que le tiers de la base du prothorax, presque glabre, presque lisse ou avec de très-petits points assez écartés et presque imperceptibles; d'un noir très-brillant. *Front* assez convexe, prolongé en avant sur l'épistome en forme d'angle lisse, offrant en arrière 2 pores assez gros ombiliqués, très-distants, situés non loin du bord postéro-interne des yeux, et donnant chacun naissance à une longue soie obscure et redressée; présentant en outre en avant 2 points ou pores semblables, joignant intérieurement l'insertion des antennes. *Epistome* angulairement échancré en arrière par le prolongement du front, subexcavé et envahi sur les côtés par la fossette antennaire; assez convexe, finement pubescent et obsolètement ponctué sur sa partie cornée, lisse, glabre et d'un jaune livide sur sa partie submembraneuse. *Labre* subconvexe, finement pubescent et d'un noir de poix sur son disque, un peu roussâtre et distinctement cilié à son sommet. *Parties de la bouche* d'un roux testacé, avec les *palpes maxillaires* obscurs, leur 1er article pâle et la tige des mâchoires ferrugineuse. *Menton* offrant en avant une large pièce submembraneuse et livide.

Yeux subovalaires, noirâtres.

Antennes grêles, sensiblement plus longues que la tête et le prothorax réunis; très-faiblement et graduellement épaissies vers leur extrémité; très-finement duveteuses et en outre légèrement et très-éparsement pilosellées vers le sommet de chaque article; obscures ou noires, avec le 1er article d'un roux testacé; celui-ci allongé, sensiblement épaissi en massue : les 2e et 3e allongés, obconiques : le 2e subégal au 1er : le 3e à peine moins long que le 2e : les 4e à 10e allongés, graduellement un peu moins longs et un peu plus épais, subcylindrico-coniques : le dernier un peu plus long que les précédents, ovalaire, acuminé au sommet.

Prothorax fortement transverse, environ deux fois aussi large en arrière que long dans son milieu; beaucoup plus étroit en avant; largement tronqué au sommet, avec les angles antérieurs infléchis, obtus et arrondis ; légèrement arqué sur les côtés; aussi large en arrière que les élytres, avec les angles postérieurs très-obtus mais à peine arrondis ; très-largement arrondi à sa base, avec les côtés de celle-ci à peine sinués; subconvexe sur son disque, obliquement subimpressionné au-dessus des angles postérieurs; très-finement et assez densement pubescent; finement, légèrement et densement pointillé; entièrement d'un noir assez brillant. *Repli inférieur* enfoui.

Ecusson plus ou moins caché, très-finement pubescent, très-finement pointillé, d'une noir un peu brillant.

Elytres très-courtes, formant ensemble un carré fortement transverse, un peu ou à peine plus longues que le prothorax, à peine ou très-faiblement arquées sur les côtés, largement et simultanément échancrées à leur sommet, assez fortement sinuées vers leur angle postéro-externe, subdéprimées, faiblement impressionnées intérieurement le long de la suture, ce qui fait paraître celle-ci un peu relevée; très-finement et assez densement pubescentes; assez finement et très-densement ponctuées, avec la ponctuation oblique ou râpeuse, évidemment plus forte et plus serrée que celle du prothorax; entièrement d'un noir un peu ou peu brillant. *Epaules* non saillantes.

Abdomen plus ou moins allongé, un peu moins large à sa base que les élytres, de trois fois à trois fois et demie plus prolongé que celles-ci; plus ou moins et graduellement atténué en arrière; sensiblement convexe dès sa base, plus fortement vers son extrémité; très-finement et assez densement pubescent; assez finement et densement pointillé; entièrement d'un noir assez brillant. *Le 2e segment basilaire* découvert, densement pointillé : *les quatre suivants* très-largement et faiblement échancrés, et très-finement et densement frangés ou pectinés à leur bord apical (1) : *les deux premiers* à peine impressionnés en travers à leur base : le 5e beaucoup plus développé que les précédents, large-

(1) Les quatre premiers segments, sans compter les basilaires, offrent en outre à leur naissance un rebord étroit, tranché, paré d'une seule série transversale de points confluents, ressemblant à une pièce distincte, mais servant à l'emboîtement des segments l'un dans l'autre.

ment tronqué et muni à son bord postérieur d'une très-fine membrane blanchâtre : le 6e assez saillant : celui de l'armure parfois enfoui, parfois assez saillant.

Dessous du corps finement et assez densement pubescent; finement, densement et râpeusement pointillé; d'un noir assez brillant. *Métasternum* légèrement convexe. *Ventre* convexe, à quatre premiers arceaux finement pectinés à leur bord apical : le 5e parfois un peu plus grand que les précédents : le 6e peu ou un peu saillant.

Pieds finement et assez densement pubescents ; finement, densement et subrâpeusement pointillés; d'un noir assez brillant, avec les tarses d'un roux testacé, l'extrême base et l'extrême sommet des tibias antérieurs d'un roux plus foncé. *Cuisses antérieures et intermédiaires* sensiblement élargies vers leur base, *les postérieures* sublinéaires. *Tibias* assez grêles, un peu moins longs que les cuisses; *les antérieurs et intermédiaires* offrant sur leur tranche externe quelques fortes épines rapprochées deux par deux ; *les intermédiaires* armés en outre en dessous de deux ou trois épines solitaires mais redressées ; *les postérieurs* munis seulement sur leur tranche externe de deux épines isolées, situées dans la dernière moitié. *Tarses* grêles, sétacés, sensiblement moins longs que les tibias, finement et assez régulièrement ciliés en dessous, éparsement en dessus ; *les antérieurs* courts, à 1er article suballongé; *les intermédiaires* moins courts, à 1er article allongé ; *les postérieurs* un peu plus développés, à 1er article très-allongé, subégal à tous les suivants réunis : les 2e et 4e oblongs, graduellement un peu moins longs.

Patrie : Cette espèce se trouve parmi les mousses et les feuilles mortes, et au pied des arbres. Elle est rare en France, et elle se rencontre dans les parties septentrionales de cette contrée : les environs de Paris, de Metz, etc.

Nous donnerons ici la description d'une espèce non encore signalée en France.

Gymnusa variegata, Kiesenwetter

Suballongée, fusiforme, peu convexe, revêtue d'une très-fine pubescence condensée çà et là en grandes places d'un blond cendré; d'un noir brillant, avec les tarses d'un testacé obscur. Tête presque lisse. Front 4-ponctué. Antennes faiblement épaissies vers leur extrémité, à 3e article à peine moins long que le 2e, les 4e et 10e graduellement moins longs. Prothorax assez fortement transverse, fortement rétréci en avant, presque aussi large en arrière que les élytres, subconvexe, légèrement et assez densement pointillé Elytres très-courtes, à peine aussi longues que le prothorax, subdéprimées, assez finement, très-densement et râpeusement ponctuées. Abdomen sensiblement atténué en arrière, assez finement et densement pointillé. Tarses postérieurs beaucoup moins longs que les tibias.

♂ *Le 6e segment abdominal* largement tronqué à son bord apical. *Le segment de l'armure* saillant, en angle arrondi au sommet.

♀ *Le 6e segment abdominal* très-profondément entaillé. *Le segment de l'armure* à peine saillant, en angle arrondi au sommet.

Gymnusa variegata, KIESENWETTER, Stett. Ent. Zeit. VI, 223. — REDTENBACHER, Faun Austr., 823. — KRAATZ, Ins. Deut., 11, 374, 2.

Long. 0,0044 (2 l.). — Larg. 0,0012 (1/2 l.).

PATRIE. La Saxe et quelques autres parties septentrionales de l'Europe.

OBS. Outre la couleur de sa pubescence condensée çà et là sur le prothorax, sur les élytres et sur le dos de l'abdomen en de grandes taches d'un flave cendré, cette espèce se distingue de la précédente par ses antennes à 1er article concolore et à pénultièmes un peu moins allongés; par ses élytres plus courtes; par son abdomen encore plu convexe ; par ses tarses d'un roux un peu plus obscur. Les styles du sommet de l'abdomen sont moins grêles, moins spiniformes, plus divergents, moins obscurs et d'une couleur testacée. La forme générale est moins large, etc.

Genre *Deinopsis*, Dinopse ; Matthews (1).

Matthews, Ent. Mag , V, 193.

Etymologie : δεινός, remarquable ; ὤψ, faciès.

Caractères. *Corps* oblong, atténué en avant et en arrière, peu convexe, ailé.

Tête assez grande, transverse, beaucoup plus étroite que le prothorax, fortement engagée dans celui-ci, non resserrée à sa base, obtusément rétrécie en avant, non saillante, à peine visible de dessus, fortement infléchie. *Tempes* avec un rebord latéral arqué, tranchant. *Epistome* très-largement tronqué en avant. *Labre* très-fortement transverse, subarrondi à son bord antérieur. *Mandibules* très-peu saillantes, bidentées intérieurement derrière leur pointe terminale. *Palpes maxillaires* très-développés, de quatre articles : les 2e et 3e notablement allongés : le 3e subégal au 2e, un peu cambré, sensiblement renflé en massue vers son extrémité : le dernier presque nul, membraneux. *Palpes labiaux* allongés de trois articles : le 1er très-grand, beaucoup plus large et beaucoup plus long que le 2e : le dernier petit, acuminé. *Languette* divisée à son sommet en deux lanières assez saillantes. *Menton* transverse, à peine échancré en avant. *Tige des mâchoires* obtusément angulée à la base.

Yeux grands, subovalairement arrondis, peu saillants, légèrement pubescents, à facettes grossières, touchant aux angles antérieurs du prothorax.

Antennes allongées, très-grêles, subfiliformes; insérées vers le bord antéro-interne des yeux, dans une fossette ovalaire, assez grande et peu profonde; de onze articles : les deux premiers allongés : le 1er à peine épaissi : le 2e obconico-subcylindrique : le 3e un peu plus étroit et beaucoup plus court que le précédent : les 4e à 10e oblongs, subob-

(1) Bien que peu conforme à la loi des étymologies, nous maintenons, à l'exemple de Jacquelin du Val, le nom de *Deinopsis* dont on a fait *Dinopsis*. Il en faudrait changer bien d'autres?

coniques, non fortement contigus : le dernier médiocre, obpyriforme ou obovalaire.

Prothorax fortement transverse, fortement rétréci en avant, presque aussi large en arrière que les élytres, dont il embrasse et recouvre sensiblement la base; largement tronqué à son sommet avec les angles antérieurs subinfléchis et subarrondis, et les postérieurs bien prononcés, presque droits et recourbés en arrière; arrondi sur les côtés et sensiblement bissinué à la base, avec le lobe médian de celle-ci très-largement et à peine arrondi; à peine ou très-finement rebordé à la base et sur les côtés, avec ceux-ci tranchants, régulièrement arqués vus latéralement. *Repli inférieur* large, fortement réfléchi, enfoui, non visible vu de côté.

Ecusson triangulaire, recouvert en partie par le prothorax.

Elytres courtes, en carré fortement transverse, largement et simultanément échancrées à leur sommet, assez fortement sinuées à leur angle postéro-externe; simples et presque rectilignes sur leurs côtés. *Repli latéral* assez large, peu réfléchi, à bord interne subarqué. *Epaules* non saillantes, cachées par les angles postérieurs du prothorax.

Prosternum réduit à une tranche très-étroite, angulairement et obtusément élargie entre les hanches antérieures. *Mésosternum* à lame médiane en angle aigu, prononcé, fortement caréné sur sa ligne médiane, à sommet rétréci en pointe aciculée, prolongée jusqu'à l'extrémité des hanches intermédiaires. *Médiépisternums* fortement développés, confondus avec le mésosternum; *médiépimères* grandes, transverses, assez larges en dehors, sensiblement rétrécies en dedans, triangulaires. *Métasternum* médiocre, subobliquement coupé sur les côtés de son bord apical, non ou à peine subéchancré au devant de l'insertion des hanches postérieures, à peine ou non angulé entre celles-ci, avancé entre les intermédiaires en angle assez prononcé et assez aigu. *Postépisternums* étroits, à bord interne divergeant fortement en arrière du repli des élytres; *postépimères* très-grandes triangulaires.

Abdomen peu allongé, à peine moins large que les élytres, assez fortement atténué en arrière; subconvexe en dessus; épaissement et assez fortement rebordé sur les côtés; pouvant légèrement se redresser en l'air; avec les quatre premiers segments subégaux ou graduellement un peu plus courts, très-finement et densement frangés ou pectinés à leur bord apical, le 5e beaucoup plus développé, étroitement rebordé, subrétractile : le 6e assez saillant, rétractile : celui de l'armure caché, émettant deux styles courts et assez épais : le 2e basilaire parfois découvert. *Ventre* convexe, à quatre premiers arceaux subégaux ou graduellement un peu plus courts, très-finement frangés à leur bord apical : le 5e un peu plus grand que le précédent, subrétractile : le 6e plus ou moins saillant, rétractile.

Hanches antérieures très-développées, coniques, obliques, saillantes, subrenversées en arrière, subconvexes en avant, subexcavées en dessous, tranchantes sur les côtés, fortement contiguës au sommet. *Les intermédiaires* moins grandes, conico-subovales, déprimées, obliquement disposées, très-rapprochées en arrière. *Les postérieures* très-grandes, subcontiguës intérieurement à leur base, assez fortement divergentes à leur sommet; à *lame supérieure* nulle en dehors, brusquement élargie en dedans en carré à peine oblong, à peine plus étroit postérieurement, recouvrant un peu la base des cuisses par son bord externe; à *lame inférieure* transverse, large, explanée, à peine plus étroite mais arrondie en dehors.

Pieds courts. *Trochanters antérieurs et intermédiaires* petits, subcunéiformes; *les postérieurs* grands, ovales-oblongs, acuminés. *Cuisses* débordant légèrement les côtés du corps, comprimées, rainurées en dessous vers leur extrémité; *les antérieures* subélargies vers leur base. *les intermédiaires et postérieures* sublinéaires. *Tibias* peu grêles, un peu plus courts que les cuisses, subcomprimés, droits ou presque droits, sensiblement rétrécis vers leur base, éparsement spinosules, munis au bout de leur tranche supérieure de deux petits éperons, et au bout de l'inférieure de deux éperons divergents, plus distincts. *Tarses* sétiformes, grêles, très-courts, beaucoup moins longs que les tibias, de trois articles : les deux premiers assez courts, subégaux : le dernier allongé, aussi long ou plus long que les deux précédents réunis. *Ongles* très-petits, courts, tendus, un peu recourbés à leur sommet, accompagnés chacun en dehors d'une longue soie, plus prolongée et un peu recourbée en l'air vers son extrémité.

Obs. Ce genre renferme une seule espèce assez petite, et vivant au bord des eaux. Sa démarche est assez agile.

Malgré un faciès analogue, le genre *Deinopsis* se distingue abondamment du genre *Gymnusa*, d'abord par ses tarses plus courts, de trois articles ; ensuite par sa tête moins atténuée en avant avec le labre moins grand ; par le pénultième article des palpes maxillaires plus sensiblement épaissi ; par son mésosternum plus fortement caréné ; par ses tibias plus larges et plus comprimés ; par ses ongles conformés différemment, etc.

Deinopsis fuscatus, Mathews.

Oblong, fusiforme, peu convexe, très-finement et densement pubescent, d'un noir peu brillant, avec les antennes d'un roux obscur, la bouche et les genoux d'un roux ferrugineux, et les tarses testacés. Tête très-finement et très-densement pointillée. Antennes très-grêles, subfiliformes, à 3e article beaucoup plus court que le 2e, les 4e à 10e oblongs. Prothorax fortement transverse, fortement rétréci en avant, presque aussi large en arrière que les élytres, sensiblement sinué sur les côtés de sa base, à angles postérieurs prononcés, très-finement et densement pointillé. Elytres fortement transverses, un peu plus longues que le prothorax, subdéprimées, très-finement et très-densement pointillées. Abdomen peu allongé, assez fortement atténué en arrière, finement et très-densement chagriné. Tarses très-courts.

♂ *Le* 6e *segment abdominal* brièvement fendu au milieu de son bord apical. *Le* 5e *arceau ventral* en ligne droite à son bord postérieur. *Le* 6e en ogive obtuse, finement, assez largement et densement cilié à son bord apical.

♀ *Le* 6e *segment abdominal* profondément fendu au milieu de son bord apical. *Le* 5e *arceau ventral* légèrement bissinué à son bord postérieur. *Le* 6e en forme d'arc obsolètement trisinué, brièvement cilié à son bord apical.

Deinopsis fuscatus, MATTHEWS, Ent. mag. 5, 193. — FAIMAIRE et LABOULBÈNE, Faun. Ent. Fr. 1, 471, 1. — KRAATZ, Ins. Deut. 11, 376, 1. — JACQUELIN DU VAL, Gen. Col. Eur. Staph., pl. 5, fig. 25.

Gymnusa laticollis, ERICHSON, Gen. et spec. staph. 212, 2. — REDTENBACHER, Faun., austr., 677.

Long. 0,0034 (1 l. 1/2) — Larg. 0,0012 (1/2 l.)

Corps oblong, fusiforme, assez large, peu convexe, d'un noir peu brillant; revêtu d'une très-fine pubescence d'un cendré obscur, courte, couchée et serrée.

Tête fortement transverse, à peine plus large que la moitié de la base du prothorax; très-finement et densement pubescente; très-finement, très-densement et légèrement pointillée ou comme finement chagrinée; d'un noir un peu brillant. *Front* très-large, subconvexe. *Epistome* convexe, pointillé comme le reste de la tête, offrant en avant un léger rebord roussâtre et submembraneux. *Labre* subconvexe, obsolètement pointillé, finement cilié, d'un roux ferrugineux. *Parties de la bouche* roussâtres, avec les 2e et 3e articles des palpes maxillaires plus obscurs.

Yeux subovalairement arrondis, d'un noir assez brillant, légèrement pubescents.

Antennes très-grêles, à peine aussi longues que la tête et le prothorax réunis, subfiliformes; très-finement duveteuses et en outre à peine pilosellées vers le sommet de chaque article; d'un roux obscur ou brunâtre, avec le 1er article parfois à peine plus clair : celui-ci allongé, à peine épaissi en massue : le 2e allongé, obconique, un peu moins épais mais aussi long que le 1er : le 3e oblong, obconique, un peu plus grêle et une fois plus court que le 2e : les 4e à 10e oblongs, subobconiques ou subturbinés, graduellement un peu moins longs : le dernier un peu plus long que le précédent, ovalaire, acuminé au sommet.

Prothorax fortement transverse, plus de deux fois aussi large à sa base que long dans son milieu; beaucoup plus étroit en avant; largement tronqué au sommet avec les angles antérieurs subinfléchis, très-obtus et subarrondis; médiocrement et assez régulièrement arqué sur les côtés ; presque aussi large ou aussi large en arrière que les élytres; largement et à peine arrondi dans le milieu de sa base, avec celle-ci sensiblement sinuée de chaque côté près des angles postérieurs qui sont prononcés, droits et recourbés en arrière où ils rentrent un peu en deçà des épaules; subconvexe, surtout dans sa partie antérieure; très-finement et densement pubescent; très-finement, légèrement et très-densement pointillé ou comme finement et obsolètement chagriné ; entièrement d'un noir peu brillant.

Ecusson plus ou moins caché, à peine pubescent, finement chagriné, d'un noir peu brillant.

Elytres formant ensemble un carré fortement transverse, un peu plus longues que le prothorax ; subparallèles, presque subrectilignes ou à peine arquées sur les côtés; largement et simultanément échancrées au milieu de leur bord apical; assez fortement sinuées au sommet vers leur angle postéro-externe, avec le sutural presque droit; subdéprimées sur leur disque, avec la suture parfois un peu relevée postérieurement ; très-finement et très-densement pubescentes ; très-finement et très-densement pointillées, avec la ponctuation pourtant un peu moins fine que celle du prothorax; entièrement d'un noir peu brillant. *Epaules* non saillantes.

Abdomen peu allongé, à peine moins large à sa base que les élytres, environ deux fois plus prolongé que celles-ci; assez fortement et graduellement atténué en arrière; légèrement convexe dès sa base, plus fortement dans sa partie postérieure ; très-finement et très-densement pubescent ou comme duveteux; très-finement et très-densement pointillé ou comme finement et très-densement chagriné; entièrement d'un noir mat ou presque mat. *Le 2e segment basilaire* parfois un peu découvert : le 5e beaucoup plus développé que les précédents, obtusément tronqué ou parfois même à peine arrondi et muni à son bord apical d'une très-fine membrane à peine distincte : le 6e assez saillant.

Dessous du corps comme duveteux, avec le duvet à reflets plus ou moins fauves; très-finement et très-densement pointillé ou comme finement chagriné; d'un noir presque mat. *Métasternum* assez convexe. *Ventre* convexe, à 5e arceau un peu plus grand que le précédent : le 6e assez saillant.

Pieds courts, très-finement et densement pubescents ; très-finement chagrinés ; obscurs, avec les tarses testacés ou d'un roux-testacé, les trochanters antérieurs et intermédiaires et tous les genoux roussâtres. *Cuisses postérieures* sublinéaires, *les autres* subélargies vers leur base. *Tibias* peu grêles, un peu plus courts que les cuisses, munis sur leur tranche externe de 2 ou 3 épines assez longues et bien distinctes ; *les antérieurs et intermédiaires* distinctement ciliés, *les postérieurs* mutiques sur leur tranche interne : *ceux-ci* un peu recourbés en dedans vers leur extrémité, vus de dessus leur tranche supérieure. *Tarses* très-courts, sétiformes, beaucoup moins longs que les tibias, à peine ciliés en dessous ; *les postérieurs* presque aussi courts que les autres, avec les 2 premiers articles à peine oblongs, subégaux.

Patrie. On rencontre, mais assez rarement, cette espèce sur le bord des rivières, dans les prés et dans les bois humides, dans diverses parties de la France : les environs de Paris, de Lille et de Lyon, la Lorraine, l'Auvergne, le Beaujolais, la Bresse, les Pyrénées, etc.

Obs. Quelquefois les tibias, ou au moins les antérieurs, sont entièrement ou presque entièrement roux.

Peut-être doit-on rapporter à cette espèce l'*Erosa* de Stephens (Ill. Br. V, 1832, 149).

Genre *Myllaena*, Myllène ; Erichson.

Erichson, Col. march. 1, 382.

Etymologie : μύλλαινω, je serre les lèvres.

Caractère. *Corps* oblong, atténué en avant et surtout en arrière, peu convexe, ailé.

Tête petite, subtransversalement globuleuse, beaucoup plus étroite que le prothorax, fortement engagée dans celui-ci, non resserrée à sa base, angulairement retrécie en avant, peu saillante, verticale ou infléchie. *Tempes* avec un rebord latéral arqué sensible. *Epistome* tronqué en avant, rétréci antérieurement en cône, dans sa partie supérieure, par les fossettes antennaires, puis élargi et submembraneux dans sa partie antérieure. *Labre* assez grand, subtransverse, subsemicirculaire. *Mandibules* peu saillantes, simples, mutiques, arquées seulement à leur sommet. *Palpes maxillaires* très-développés, de 4 articles : les 2e et 3e notablement allongés : le 3e à peine égal au 2e mais plus épais, elliptique ou subfusiforme : le dernier très-petit, étroit, subulé ou en forme de petit crochet parfois submembraneux. *Palpes labiaux* allongés, grêles, subsétiformes, de 2 articles presque soudés et peu distincts : le dernier beaucoup plus court. *Menton* grand, transverse, trapéziforme, plus étroit en avant, largement et carrément échancré au sommet, avec l'échancrure limitée de chaque côté par une large pointe ou épine. *Tige des mâchoires* obtusément subrectangulée à la base.

Yeux assez grands, subovalairement arrondis, peu saillants, à peine pubescents, séparés du prothorax par un intervalle court ou très-court.

Antennes assez allongées, généralement grêles, à peine ou un peu plus épaisses vers leur extrémité ; insérées contre le bord antéro-interne des yeux, dans une fossette subarrondie, assez grande et profonde ; à 1er article oblong, sensiblement renflé : le 2e allongé, le 3e plus court, suballongé ou oblong : les 4e à 10e carrés ou suboblongs, obconico-subcylindriques, non fortement contigus : le dernier grand, ovale-oblong.

Prothorax transverse, assez fortement rétréci en avant, aussi large en arrière que les élytres dont il embrasse et recouvre sensiblement la base ; faiblement et largement subéchancré au sommet, avec les angles antérieurs subinfléchis et plus ou moins arrondis ; subarrondi sur les côtés et à la base, avec celle-ci subsinuée ou sinuée près des angles postérieurs qui sont bien marqués, souvents droits ou presque droits et recourbés en arrière ; à peine ou très-finement rebordé à la base et sur les côtés, avec ceux-ci très-tranchants, régulièrement arqués vus latéralement *Repli inférieur* assez large, non visible de côté, fortement réfléchi, enfoui.

Ecusson court, transversalement triangulaire, en majeure partie recouvert par le prothorax.

Elytres courtes, plus ou moins fortement transverses, largement et simultanément échancrées à leur sommet, sensiblement sinuées vers leur angle postéro-externe, simples et presque subrectilignes sur leurs côtés. *Repli latéral* assez étroit, assez réfléchi, à bord interne faiblement ou à peine arqué. *Epaules* nullement saillantes, cachées par les angles postérieurs du prothorax.

Prosternum réduit à une tranche très-étroite, obtusément et subangulairement subélargie entre les hanches antérieures. *Mésosternum* en angle prononcé, aigu, à sommet plus ou moins rétréci en pointe acérée, prolongée environ jusqu'aux deux tiers des hanches intermédiaires, mais plus ou moins comprimée et enfouie au bout, à disque en forme de faîte ou de carène. *Médiépisternums* grands, séparés du mésosternum par un intervalle creux ou une différence de plan; *médiépimères* assez grandes, oblongues, subtriangulaires, obliques. *Métasternum* court (1), obliquement coupé sur les côtés de son bord postérieur, à peine échancré au devant de l'insertion des hanches postérieures, faiblement subangulé entres celles-ci, légérement avancé entre les intermédiaires en angle court et obtus. *Postépisternums* étroits, postérieurement rétrécis, à bord interne subparallèle à celui des élytres ; *postépimères* médiocres, subtriangulaires

Abdomen peu allongé, un peu plus étroit que les élytres, plus ou moins atténué en arrière, subconvexe en dessus, assez fortement et subépaissement rebordé sur les côtés, pouvant légèrement se redresser en l'air; avec le 2e segment basilaire parfois un peu découvert : les 4 premiers apparents assez courts, subégaux : le 5e beaucoup plus développé, étroitement rebordé : le 6e plus ou moins saillant, rétractile : celui de l'armure souvent caché ou enfoui, mais émettant 2 styles sétifères assez distincts. *Ventre* convexe, avec les 4 premiers arceaux apparents graduellement plus courts : le 5e un peu plus long que le précédent : le 6e plus ou moins saillant, rétractile.

Hanches antérieures très-grandes, coniques, obliques, saillantes, renversées en arrière, convexes en avant, planes en dessous, contiguës au sommet. *Les intermédiaires* grandes, subovales, déprimées, obliquement disposées, très-rapprochées mais non contiguës à leur sommet. *Les*

(1) Le métasternum est ici très-resserré par le développement des hanches intermédiaires.

intermédiaires grandes, subovales, déprimées, obliquement disposées, très-rapprochées mais non contiguës à leur sommet. *Les postérieures* très-grandes, subcontiguës intérieurement à leur base, divergentes au sommet ; à *lame supérieure* nulle en dehors, subitement dilatée en dedans en cône saillant, non ou à peine tronqué ; à *lame inférieure* transverse, très-large, explanée, à peine plus étroite en dehors.

Pieds assez courts. *Trochanters antérieurs et intermédiaires* petits, subcunéiformes ; *les postérieurs* très-grands, ovales-oblongs, subdétachés et subacuminés au sommet. *Cuisses* débordant sensiblement les côtés du corps, comprimées, assez fortement élargies avant leur milieu, atténuées vers leur extrémité, légèrement rainurées en dessous vers leur sommet. *Tibias* assez grêles, un peu plus courts que les cuisses, droits ou presque droits ; armés au bout de leur tranche inférieure de 2 éperons grêles, divergents, dont l'interne parfois un peu plus long ; parés sur leur tranche externe de 1 ou 2 soies spiniformes : *les intermédiaires* ou au moins *les postérieurs* munis au bout de leur tranche supérieure de 2 petites épines ou éperons très-grêles. *Tarses* sétacés, subcomprimés ; *les antérieurs et intermédiaires* de 4 articles, *les postérieurs* de 5 ; les antérieurs très-courts ; les intermédiaires moins courts, avec leurs 3 premiers articles subégaux ou avec le 1er paraissant parfois un peu plus court que le suivant : le dernier étroit, sensiblement plus long que le précédent ; *les postérieurs* allongés, à peine moins longs que les tibias, à 1er article allongé, subégal aux 2 suivants réunis : les 2e à 4e oblongs, subégaux : le dernier linéaire, sensiblement plus long que le précédent. *Ongles* petits, simples, à peine arqués, parfois plus ou moins tendus, souvent rapprochés l'un contre l'autre et paraissant n'en faire qu'un.

Obs. Les espèces de ce genre sont petites et vivent parmi les mousses et sur la vase de lieux humides. Elles courent assez rapidement et ressemblent à certaines espèces de *Tachyporiens*.

Nous classerons de la manière suivante les diverses espèces du genre *Myllaena* :

a. *Antennes* grêles, à peine épaissies vers leur extrémité.

b. *Corps* d'un rouge-brun ou d'un roux testacé, avec la tête et l'abdomen plus obscurs. *Prothorax* deux fois aussi long que les élytres.

c. *Pubescence* courte, très-fine et très-serrée. *Prothorax* et *élytres* d'un roux testacé presque mat............ *brevicornis*.

cc. *Pubescence* assez longue, fine et peu serrée. *Prothorax* et *élytres* d'un rouge-brun assez brillant.......... *rubescens*.

bb. *Corps* plus ou moins obscur.

d. *Echancrure de l'angle postéro-externe des élytres* peu profonde et arrondie. *Abdomen* fortement atténué en arrière.

e. *Pénultièmes articles des antennes* évidemment plus longs que larges.

f. *Angles postérieurs du prothorax* droits, sensiblement recourbés en arrière. *Sommet de l'abdomen* d'un roux brunâtre........... *valida*.

ff. *Angles postérieurs du prothorax* droits, légèrement recourbés en arrière. *Sommet de l'abdomen* d'un roux testacé............ *dubia*.

ee. *Pénultièmes articles des antennes* à peine aussi longs que larges. *Angles postérieurs du prothorax* subobtus. *Taille* petite............. *minuta*.

dd. *Echancrure de l'angle postéro-externe des élytres* profonde, en angle presque aigu. *Angles postérieurs du prothorax* obtus. *Abdomen* assez fortement atténué en arrière.................... *incisa*.

ddd. *Echancrure de l'angle postéro-externe des élytres* assez profonde, presque à angle droit.

g. *Pénultièmes articles des antennes* évidemment plus longs que larges.

h. *Abdomen* légèrement atténué en arrière. *Angles postérieurs du prothorax* obtus. *Corps* allongé............. *elongata*.

hh. *Abdomen* assez fortement atténué en arrière. *Angles postérieurs du prothorax* presque droits. *Corps* oblong... *intermedia*.

gg. *Pénultièmes articles des antennes* à peine aussi longs que larges. *Taille* petite.

i. *Elytres* un peu moins longues que le prothorax. *Antennes* obscures. *infuscata*.

ii. *Elytres* beaucoup moins longues que le prothorax. *Antennes* d'un roux testacé....................... *minima*.

aa. *Antennes* assez fortes, un peu épaissies vers leur extrémité... *gracilis*.

1. Myllaena brevicornis; MATTHEWS.

Oblongue, assez large, légèrement convexe, très-finement, très-densement et brièvement pubescente, finement et densement chagrinée, d'un roux testacé peu brillant, avec la tête et l'abdomen rembrunis, le sommet de celui-ci roux, les antennes et les pieds testacés. Antennes assez grêles, faiblement épaissies vers leur extrémité, à pénultièmes articles (8 *à* 10) *à peine aussi longs que larges. Prothorax aussi long que large, rétréci en avant, arqué sur les côtés, aussi large en arrière que les élytres, à angles postérieurs subobtus. Elytres très-courtes, de la longueur de la moitié du prothorax, légèrement convexes. Abdomen convexe, assez fortement atténué en arrière, fortement sétosellé. Tarses postérieurs allongés, presque aussi longs que les tibias.*

♂ *Le* 6e *arceau ventral* fortement arrondi et assez longuement cilié à son bord apical.

♀ *Le* 6e *arceau ventral* subéchancré et brièvement cilié à son bord apical.

Centroglossa brevicornis, MATTHEWS, Ent. mag. V, 1838, 196.
Myllaena gracilis, HEER, Faun. col. Helv. 1, 303, 4. — FAIRMAIRE et LABOULBÈNE, Faun. Ent. Fr. 1, 470, 5. — KRAATZ, Inst. Deut. II, 369, 4. — THOMSON, Skand. col. III, 16, 4, 1861.
Myllaena grandicollis, KIESENWETTER, Stelt. Ent. Zeit. V, 342.

Variété *a* (Immature). *Corps* entièrement d'un roux testacé.

Long. 0,0023 (1 l.) — Larg. 0,0010 (1/2 l.)

Corps oblong, assez large, légèrement convexe, finement et densement chagriné; d'un roux testacé peu brillant, avec la tête et l'abdomen (moins le sommet) plus ou moins rembrunis; revêtu d'une très-fine pubescence cendrée, soyeuse, courte, couchée et très-serrée.

Tête aussi large environ que la moitié de la base du prothorax, très-finement et densement pubescente, finement et densement chagrinée; d'un roux peu brillant et souvent rembruni. *Front*, large, convexe,

Epistome assez convexe. *Labre* subconvexe, presque lisse; d'un roux testacé, paré en avant de quelques longs cils blonds. *Parties de la bouche* d'un roux testacé parfois assez clair.

Yeux subovalaires, noirs.

Antennes assez grêles, un peu plus longues que la tête et le prothorax réunis; faiblement et graduellement épaissies vers leur extrémité; très-finement et densement duveteuses et en outre éparsement et brièvement pilosellées; d'un roux testacé, avec le 1er article et souvent le dernier plus pâles : le 1er suballongé, légèrement épaissi en massue : le 2e allongé, obconique, un peu moins épais mais évidemment plus long que le 1er : le 3e suballongé, obconique, beaucoup moins long et un peu plus grêle que le 2e : les 4e à 10e en forme de tronçon de cône, graduellement un peu plus épais et à peine moins longs : les 4e à 7e oblongs ou suboblongs : les 8e à 10e à peine aussi longs que larges (1) : le dernier un peu moins long que les deux précédents réunis, ovale-oblong, acuminé et pubescent au sommet.

Prothorax aussi long que large; largement subéchancré au sommet avec les angles antérieurs subinfléchis, obtus et arrondis; plus étroit en avant; aussi large postérieurement que les élytres; sensiblement et régulièrement arqué sur les côtés; très-faiblement arrondi à sa base, avec celle-ci non ou à peine sinuée de chaque côté près des angles postérieurs qui sont un peu obtus mais à peine émoussés, non ou à peine recourbés en arrière; sensiblement convexe sur son disque; très-finement, très-densement et brièvement pubescent; offrant en outre sur le bord antérieur et près des côtés quelques légères et courtes soies obscures et redressées, parfois peu distinctes; finement et densement chagriné; entièrement d'un roux testacé peu brillant ou presque mat.

Ecusson souvent caché, très-finement pubescent, obsolètement chagriné, d'un roux testacé peu brillant.

Elytres très-courtes, formant ensemble un carré très-fortement transverse; aussi longues ou à peine aussi longues à la suture que la moitié du prothorax : subparallèles et presque subrectilignes sur leurs côtés, distinctement, arcuément et simultanément échancrées à leur

(1) Chez les ♂ cependant, ils paraissent aussi longs que larges.

bord apical; sensiblement et subangulairement sinuées au sommet vers leur angle postéro-externe, avec le sutural presque droit; plus ou moins légèrement et transversalement convexes; très-finement, très-densement et brièvement pubescentes; offrant en outre sur leur disque, surtout près des côtés, quelques rares soies obscures, courtes, souvent caduques ou peu distinctes; finement et densement chagrinées; entièrement d'un roux testacé mat ou peu brillant. *Epaules* cachées.

Abdomen peu allongé, aussi large à sa base que les élytres, presque trois fois plus prolongé que celles-ci; assez fortement et graduellement atténué en arrière; longitudinalement convexe; très-finement, très-densement et brièvement pubescent; paré en outre sur le dos et sur les côtés de quelques soies obscures, longues, assez raides ou subspiniformes, plus ou moins redressées et toujours très-apparentes; très-finement et très-densement chagriné; peu brillant, obscur ou brunâtre, avec le 6e segment et l'extrémité du 5e d'un roux testacé, et le sommet de chacun des précédents quelquefois roussâtre. *Le 5e segment* beaucoup plus développé que les précédents, largement tronqué et muni à son bord apical d'une très-fine membrane pâle: *le* 6e saillant, plus (♂) ou moins (♀) angulé à son sommet: *celui de l'armure* caché mais laissant souvent apparaître deux pinceaux de longues soies obscures.

Dessous du corps très-finement pubescent, finement chagriné, d'un roux-testacé un peu brillant, avec le métasternum et le ventre (moins le sommet et les intersections de celui-ci) plus obscurs. *Métasternum* faiblement convexe. *Ventre* convexe, fortement et éparsement sétosellé dans sa partie postérieure, à 5e arceau subégal au précédent, le 6e saillant.

Pieds peu allongés, très-finement pubescents, très-finement chagrinés, d'un testacé un peu brillant. *Cuisses* sensiblement élargies avant leur milieu. *Tibias* graduellement subélargis vers leur extrémité, parés sur leur tranche externe, *les intermédiaires et postérieurs* surtout, de une ou deux soies obscures, assez longues, subredressées et subpiniformes: *les postérieurs* plus grêles, un peu moins longs que les cuisses. *Tarses* assez longuement ciliés en dessous, à peine en dessus; *les antérieurs* courts, *les intermédiaires* moins courts; *les postérieurs* allongés, presque aussi longs que les tibias, à 1er article assez allongé, aussi long que les deux suivant réunis : les 2e à 4e oblongs, subégaux,

Patrie. Cette espèce est assez commune sous les mousses mouillées, sous les pierres et sous les feuilles tombées, au bord des ruisseaux ou dans les bois humides. Elle préfère les endroits ombragés, tels que les grottes et les forêts. Son habitat paraît assez étendu, car on la rencontre du Nord au Midi de la France : dans la Normandie, les environs de Paris et de Lyon, l'Orléanais, l'Auvergne, les Alpes, la Savoie, le mont Pilat, le Bugey, les Pyrénées, la Provence, les Landes, etc.

Obs. Chez les sujets immatures, le corps est entièrement d'un roux testacé, avec les antennes et les pieds plus pâles. Très-rarement, la couleur rousse passe au rouge brun.

Elle varie aussi pour la taille, qui est tantôt au-dessus, tantôt au-dessous de la longueur de 2 millimètres.

Nous n'avons pas vu la *Grandicollis* de Kiesenswetter, qui peut-être se rapporte à l'espèce suivante? Mais, dans le doute, nous avons cru devoir suivre la synonymie établie.

2. **Myllaena rubescens** ; Mulsant et Rey.

Oblongue, assez large, assez convexe; finement, peu densement et assez longuement pubescente; très-finement, densement et obsolètement chagrinée; d'un rouge brun assez brillant avec la tête et l'abdomen d'un noir de poix; le sommet de celui-ci, la bouche et les antennes d'un roux-testacé, la base de celles-ci et les pieds testacés. Antennes assez grêles, faiblement épaissies vers leur extrémité, à pénultièmes articles (8 *à* 10) *aussi longs que larges. Prothorax presque aussi long que large, rétréci en avant, arqué sur les côtés, à peine plus large en arrière que les élytres, à angles postérieurs subobtus. Elytres très-courtes, à peine plus longues que la moitié du prothorax, sensiblement convexes. Abdomen assez fortement rétréci postérieurement, assez fortement convexe, éparsement sétosellé. Tarses postérieurs allongés, à peine moins longs que les tibias.*

♂ Le 6e arceau ventral fortement arrondi et assez longuement cilié à son bord apical.

♀ Le 6e arceau ventral subéchancré et brièvement cilié à son bord apical.

Myllæna rubescens, MULSANT et REY, Op. Ent, 1870, XIV, 167.

Long. 0,0025 (1 l. 1/6). — Larg. 0,0010 (1/2 l.)

Corps oblong, assez large, assez convexe; très-finement, densement et obsolètement chagriné; d'un rouge brun assez brillant avec la tête et l'abdomen d'un noir de poix, et l'extrémité de celui-ci d'un roux testacé; revêtu d'une fine pubescence cendrée, assez longue, couchée et peu serrée.

Tête verticale, à peine aussi large que la moitié de la base du prothorax; finement pubescente; très-finement et obsolètement chagrinée ou presque lisse; d'un noir de poix assez brillant. *Front* large, convexe. *Epistome* assez convexe. *Labre* subconvexe, presque lisse, d'un roux testacé. *Parties de la bouche* d'un roux testacé.

Yeux subovalaires, noirâtres.

Antennes assez grêles, un peu plus longues que la tête et le prothorax réunis; faiblement et graduellement épaissies vers leur extrémité; très-finement et densement duveteuses et en outre éparsement et brièvement pilosellées surtout vers le sommet de chaque article; d'un roux de poix testacé avec le 1er article plus pâle : celui-ci suballongé, légèrement renflé en massue : le 2e allongé, obconique, un peu moins épais mais sensiblement plus long que le 1er : le 3e suballongé, obconique, un peu plus grêle et beaucoup moins long que le 2e : les 4e à 10e en forme de tronçon de cône, graduellement un peu plus épais et à peine moins longs : les 4e à 7e oblongs : les 8e à 10e aussi longs ou à peine plus longs que larges : le dernier évidemment moins long que les deux précédents réunis, ovale-oblong, acuminé au sommet.

Prothorax grand, presque aussi long que large ; largement subéchancré au sommet avec les angles antérieurs subinfléchis, obtus et subarrondis; plus étroit en avant ; à peine plus large postérieurement que les élytres; sensiblement et régulièrement arqué sur les côtés; très-faiblement arrondi à sa base avec celle-ci non ou à peine sinuée de chaque côté près des angles postérieurs qui sont un peu obtus mais à peine émoussés, non ou à peine recourbés en arrière; sensiblement convexe sur son disque, un peu plus fortement dans sa partie antérieure, finement, subéparsement et assez longuement pubescent; très-finement, densement et obsolètement chagriné; entièrement d'un rouge brun assez brillant.

Ecusson finement pubescent, très-finement chagriné, d'un rouge brun un peu brillant.

Elytres très-courtes, formant ensemble un carré très-fortement transverse; aussi longues ou à peine plus longues à la suture que la moitié du prothorax; subparallèles et presque subrectilignes sur leurs côtés; distinctement, arcuément et simultanément échancrées à leur bord apical; sensiblement et subangulairement sinuées au sommet vers leur angle postéro-externe avec le sutural presque droit; sensiblement convexes sur leur disque; finement, assez longuement et éparsement ou modérément pubescentes; très-finement, densement et obsolètement chagrinées; entièrement d'un rouge brun un peu ou assez brillant. *Epaules* cachées.

Abdomen peu allongé, aussi large à sa base qne les élytres, environ trois fois plus prolongé que celles-ci ; assez fortement et graduellement atténué en arrière; assez fortement et longitudinalement convexe sur le dos; très-finement pubescent avec la pubescence un peu plus serrée que celle des élytres; offrant en outre sur les côtés, surtout dans leur partie postérieure, quelques rares et longues soies obscures, plus ou moins redressées et souvent caduques; très-finement, très-densement et obsolètement ou à peine chagriné ; d'un noir de poix assez brillant avec le 6e segment et l'extrémité du 5e d'un roux plus ou moins testacé, et le bord apical de chacun des précédents d'un roux brunâtre. *Le 5e segment* beaucoup plus développé que le précédent, largement tronqué et muni à son bord apical d'une fine membrane pâle : *le 6e* saillant, plus ou moins angulé à son sommet : *celui de l'armure* caché mais laissant apparaître deux pinceaux de longues soies obscures.

Dessous du corps finement pubescent, finement chagriné, d'un noir de poix assez brillant avec l'extrémité du ventre d'un roux-testacé et les intersections ventrales plus ou moins roussâtres. *Métasternum* faiblement convexe. *Ventre* convexe, obsolétement sétosellé dans sa partie postérieure, à 5e arceau subégal au précédent : le 6e saillant.

Pieds peu allongés, très-finement pubescents, très-finement chagrinés, d'un testacé assez brillant. *Cuisses* sensiblement élargies surtout vers leur base. *Tibias* graduellement subépaissis vers leur extrémité ; *les intermédiaires et postérieurs* parés sur le milieu de leur tranche externe d'une soie obscure, assez longue, subredressée, assez raide ou subspiniforme : *les postérieurs* plus grêles, un peu moins longs que les cuisses. *Tarses* assez longuement ciliés en dessous, à peine en dessus : *les antérieurs* courts, *les intermédiaires* un peu moins courts : *les postérieurs* allongés, à peine moins longs que les tibias, à 1er article subal-longé, presque aussi long que les deux suivants réunis : les 2e à 4e oblongs, subégaux.

Patrie. Cette espèce se prend dans les Pyrénées où elle est assez rare.

Obs. Elle ressemble beaucoup à la *Myllæna brevicornis*. Elle en diffère de prime-abord par sa forme plus convexe et par sa couleur généralement plus foncée. Les antennes sont un peu plus obscures, avec leurs pénultièmes articles un peu plus longs; le prothorax paraît un peu moins long avec ses angles antérieurs, sinon moins obtus, mais moins arrondis. Les élytres, plus convexes, sont à peine moins courtes. La chagrination est plus obsolète, ce qui donne à tout le dessus du corps une teinte un peu plus brillante. Le prothorax et les élytres manquent de soies redressées vers les côtés, et celles de l'abdomen sont plus rares et moins distinctes. Mais toutes ces légères différences nous sembleraient peu concluantes, si la pubescence ne se fut montrée à notre examen constamment plus longue, moins fine et surtout moins serrée.

La *Myllæna fulvicollis* de Motschoulsky (Enum. nouv. esp. col, Moscou, 1859, 85, 168) ressemblerait à notre *Myllæna rubescens*, sauf le prothorax qui, d'après la description, serait d'une couleur plus claire, tandis que les antennes et les élytres seraient plus obscures. La taille est plus grande, et le 1er article des antennes est seul testacé. D'après la forme du prothorax, cette espèce marcherait plutôt avec les suivantes.

3. Myllaena valida. MULSANT et REY.

Oblongue, assez large, légèrement convexe; très-finement et densement pubescente; très-finement et très-densement chagrinée; d'un noir mat avec le sommet de l'abdomen d'un roux brunâtre, la bouche, le 1er article des antennes, et les pieds d'un roux-testacé. Antennes grêles, subfiliformes, à pénultièmes articles évidemment plus longs que larges. Prothorax transverse, fortement rétréci en avant, assez fortement arqué sur les côtés, aussi large postérieurement que les élytres, à angles postérieurs droits et sensiblement recourbés en arrière. Elytres courtes, sensiblement moins longues que le prothorax, légèrement convexes. Abdomen fortement atténué en arrière, sensiblement convexe, fortement et éparsement sétosellé. Tarses postérieurs allongés, aussi longs que les tibias.

♂ *Le 6e segment abdominal* prolongé à son sommet en angle aigu. *Le 6e arceau ventral* étroitement arrondi à son bord postérieur.

♀ *Le 6e segment abdominal* prolongé à son sommet en angle obtus et mousse. *Le 6e arceau ventral* obtusément arrondi ou subtronqué à son bord postérieur.

Myllaena valida, MULSANT et REY, op. Ent. 1870, XIV, 170.

Long. 0,0033 (1 l. 1/2). — Larg. 0,0012 (1/2 l.)

Corps oblong, assez large, légèrement convexe, très-finement et très-densement chagriné, d'un noir mat ou presque mat avec le sommet de l'abdomen d'un roux brunâtre; revêtu d'une très-fine pubescence d'un cendré obscur, assez courte, déprimée et serrée.

Tête verticale, à peine plus large que le tiers de la base du prothorax, très-finement pubescente, très-finement et très-densement chagrinée, d'un noir mat ou presque mat. *Front* large, assez convexe. *Epistome* convexe, assez brillant, presque lisse. *Labre* sensiblement convexe, presque lisse, testacé ou d'un roux-testacé, finement et éparsement cilié en avant. *Parties de la bouche* d'un roux-testacé avec *le pénultième article des palpes maxillaires* souvent un peu plus foncé.

Yeux subovalaires, noirs.

Antennes grêles, un peu plus longues que la tête et le prothorax réunis ; subfiliformes ou à peine plus épaisses vers leur extrémité ; très-finement duveteuses et en outre éparsement et très-brièvement ou à peine pilosellées ; plus ou moins obscures avec le 1er article d'un roux-testacé parfois assez clair : celui-ci suballongé, légèrement mais visiblement renflé en massue : le 2e allongé, obconico-subcylindrique, évidemment plus long et un peu plus grêle que le 1er : le 3e suballongé, obconique, beaucoup moins long et à peine plus étroit que le 2e : les 4e et 10e en forme de tronçon de cône, graduellement à peine plus courts, tous oblongs ou évidemment plus longs que larges avec les pénultièmes à peine plus épais : le dernier moins long que les 2 précédents réunis, ovale-oblong, acuminé au sommet.

Prothorax transverse, presque 1 fois et 1/3 aussi large que long ; largement subéchancré au sommet avec les angles antérieurs subinfléchis, obtus et arrondis ; fortement rétréci en avant ; aussi large postérieurement que les élytres ; assez fortement et régulièrement arqué sur les côtés ; à peine arrondi à sa base avec celle-ci distinctement sinuée de chaque côté vers les angles postérieurs qui sont bien marqués, droits et sensiblement recourbés en arrière ; passablement convexe sur son disque ; très-finement et densement pubescent ; très-finement, très-densement et subobsolètement chagriné ; entièrement d'un noir mat ou presque mat.

Ecusson plus ou moins caché, finement duveteux, très-finement chagriné, brunâtre et presque mat.

Elytres courtes, formant ensemble un carré fortement transverse ; sensiblement ou presque d'un tiers moins longues que le prothorax ; subparallèles ou à peine arquées sur leurs côtés ; arcuément et simultanément subéchancrées à leur bord apical ; circulairement sinuées au sommet vers leur angle postéro-externe avec le sutural presque droit ; légèrement convexes sur leur disque ; très-finement et densement pubescentes ; très-finement et très-densement chagrinées ; entièrement d'un noir mat ou presque mat. *Epaules* cachées.

Abdomen généralement peu allongé, aussi large à sa base que les élytres; de 3 fois à 3 fois et 1/2 plus prolongé que celles-ci; fortement et graduellement atténué ou comme acuminé en arrière; sensiblement et longitudinalement convexe sur le dos; très-finement et très-densement pubescent ou comme duveteux; offrant en outre sur les côtés et sur le dos, surtout dans leur partie postérieure, de longues soies obscures, plus ou moins redressées, peu nombreuses mais bien distinctes, assez raides ou subspiniformes; très-finement, très-densement et subobsolètement chagriné; d'un noir mat ou presque mat avec le 6e segment, l'extrémité du 5e et parfois le bord apical de chacun des précédents d'un roux foncé ou brunâtre. *Le* 5e *segment* sensiblement plus développé que les précédents, largement tronqué et muni à son bord apical d'une fine membrane pâle : *le* 6e très-saillant, plus ou moins angulé à son sommet : *celui de l'armure* caché mais émettant souvent 2 lanières distinctes et garnies d'un pinceau de longues soies obscures.

Dessous du corps finement duveteux, très-finement chagriné, d'un noir presque mat avec le sommet du ventre et souvent les intersections ventrales d'un roux brunâtre. *Métasternum* faiblement convexe. *Ventre* convexe, fortement et éparsement sétosellé surtout dans sa partie postérieure; à 5e arceau subégal au précédent : le 6e saillant, plus ou moins arrondi au sommet.

Pieds peu allongés, finement duveteux, très-finement chagrinés, d'un roux-testacé presque mat avec les hanches antérieures et intermédiaires un peu obscurcies ou au moins à leur base, les postérieures noires avec le bord apical de leur lame inférieure roussâtre. *Cuisses* élargies vers leur base. *Tibias* graduellement épaissis vers leur extrémité : *les intermédiaires et postérieurs* parés vers le milieu de leur tranche externe d'une assez longue soie obscure, subredressée et subspiniforme : *les postérieurs* plus grêles, un peu moins longs que les cuisses. *Tarses* assez longuement ciliés en dessous, à peine en dessus; *les antérieurs* courts, *es intermédiaires* un peu moins courts; *les postérieurs* allongés, environ de la longueur des tibias, à 1er article allongé, subégal aux 2 suivants réunis : les 2e à 4e oblongs, subégaux.

Patrie. Cette espèce est assez rare. Elle se prend sur le bord des eaux, en Provence et surtout dans les environs de Marseille.

Obs. Elle se distingue de toutes ses congénères par sa taille plus grande; de la *Myllæna dubia*, *Er.* par les angles postérieurs du prothorax un peu plus fortement recourbés en arrière et par le sommet de l'abdomen d'un roux plus foncé; de *la Myllaena incisa*, par les angles postérieurs du prothorax moins obtus et plus prononcés, par l'échancrure de l'angle postéro-externe des élytres moins profonde et moins aigüe et par son abdomen plus fortement atténué en arrière.

4. Myllaena dubia, Gravenhorst.

Oblongue, assez large, légèrement convexe, très-finement et très densement pubescente, très-finement et très-densement chagrinée; d'un noir mat, avec le sommet de l'abdomen, la bouche, le 1er article des antennes et les pieds d'un roux-testacé. Antennes très-grêles, filiformes, à pénultièmes articles évidemment plus longs que larges, le dernier suballongé. Prothorax passablement convexe, sensiblement rétréci en avant, médiocrement arqué sur les côtés, aussi large postérieurement que les élytres; à angles postérieurs droits, légèrement recourbés en arrière. Elytres courtes, un peu moins longues que le prothorax, légèrement convexes. Abdomen fortement acuminé en arrière, sensiblement convexe, fortement et éparsement sétosellé. Tarses postérieurs allongés, à peine moins longs que les tibias.

♂ Le 6e *segment abdominal* prolongé à son sommet en angle aigu. Le 6e *arceau ventral* prolongé à son extrémité en angle arrondi.

♀ Le 6e *segment abdominal* prolongé à son sommet en angle mousse. Le 6e *arceau ventral* obtusément tronqué à son extrémité.

Aleochara dubia, Gravenhorst, Mon. 173, 7. — Gyllenhal, Ins, Suec. II, 426, 48.
Gymnusa dubia, Mannerheim, Brach. 66, 2.
Centroglossa conuroïdes, Matthews, Ent. mag. V, p. 195, fig. 1.
Myllaena dubia, Erichson, Col. March. I, 383, 1 ; — Gen. et Spec. Staph. 210, 1. — Heer, Faun. Col. Helv. I, 301, 1. — Redtenbacher, Faun. Austr. 823. — Fairmaire et Laboulbène, Faun. Ent. Fr. I, 469, 1. — Kraatz. Ins. Deut. II, 368, 1 ; — Thomson, Skand. Col. III, 15, 1, 1861.

Long. 0,0027 (1 l. 1/4). — Larg. 0,0007 (1/3 l.).

Corps oblong, assez large, légèrement convexe; très-finement et très-densement chagriné ; d'un noir mat, avec l'extrémité de l'abdomen d'un roux-testacé; revêtu d'une très-fine pubescence grisâtre, assez courte, couchée et très-serrée.

Tête à peine aussi large que la moitié de la base du prothorax, très-finement pubescente, très-finement chagrinée, d'un noir mat. *Front* large, assez convexe. *Epistome* convexe, très-finement chagriné, offrant en avant une assez large ceinture pâle. *Labre* subconvexe, presque lisse, légèrement pubescent, testacé ou d'un roux-testacé. *Parties de la bouche* d'un roux-testacé, avec le *pénultième article des palpes maxillaires* souvent un peu plus foncé.

Yeux subovalaires, noirâtres.

Antennes très-grêles, un peu plus longues que la tête et le prothorax réunis, subfiliformes ; finement duveteuses et en outre éparsement et brièvement pilosellées ; plus ou moins obscures, avec le 1er article plus clair ou d'un roux-testacé, et le dernier souvent d'un roux de poix : le 1er suballongé, légèrement renflé en massue : le 2e allongé, obconique, sensiblement plus long et moins épais que le 1er : le 3e suballongé, obconique, évidemment moins long et un peu plus grêle que le 2e : les 4e à 10e en forme de tronçon de cône, graduellement à peine plus courts, tous oblongs ou évidemment plus longs que larges, avec les pénultièmes non ou à peine plus épais : le dernier suballongé, à peine moins long que les 2 précédents réunis, subcylindrico-fusiforme, acuminé et finement cilié au sommet.

Prothorax passablement ou même assez fortement transverse, environ 1 fois et un tiers ou 1 fois et demie aussi large que long ; largement subéchancré au sommet, avec les angles antérieurs subinfléchis, obtus et arrondis ; sensiblement plus étroit en avant ; aussi large postérieurement que les élytres ; médiocrement et régulièrement arqué sur les côtés ; très-faiblement arrondi à sa base, avec celle-ci distinctement sinuée de chaque côté vers les angles postérieurs, qui sont droits et légèrement recourbés en arrière ; assez convexe sur son disque ; très-finement et très-densement pubescent ; offrant parfois près des côtés quelques rares soies redressées, courtes, peu apparentes et plus ou moins caduques ; entièrement d'un noir mat.

Ecusson plus ou moins caché, finement duveteux, très-finement chagriné, d'un noir mat.

Elytres courtes, formant ensemble un carré fortement transverse ; un peu moins longues que le prothorax : subparallèles ou à peine arquées sur leurs côtés ; arcuément, faiblement et simultanément échancrées à leur bord apical ; circulairement sinuées au sommet vers leur angle postéro-externe, avec le sutural droit ; légèrement convexes sur leur disque ; très-finement et très-densement pubescentes, avec une légère et courte soie redressée, peu distincte ou caduque, vers la base près des épaules ; très-finement et très-densement chagrinées ; entièrement d'un noir mat. *Epaules* cachées.

Abdomen généralement peu allongé, aussi large à sa base que les élytres, de 3 fois à trois fois et demie plus prolongé que celles-ci : fortement et graduellement atténué ou comme acuminé en arrière : sensiblement et longitudinalement convexe sur le dos ; très-finement et très-densement pubescent ou comme duveteux ; offrant en outre, sur les côtés, sur le dos et vers le sommet, quelques longues soies obscures et redressées, bien distinctes, assez raides ou subspiniformes ; très-finement et très-densement chagriné ; d'un noir mat, avec le 6e segment et l'extrémité du précédent d'un roux plus ou moins testacé. *Le* 5e *segment* plus développé que les précédents, muni d'une fine membrane pâle à son bord apical, qui est subéchancré ou largement subsinué dans son milieu. *Le* 6e très-saillant, plus ou moins angulé à son sommet : *celui de l'armure* caché, mais émettant parfois 2 lanières terminées par un pinceau de longues soies obscures.

Dessous du corps finement et densement pubescent ; très-finement et densement chagriné ; d'un noir presque mat, avec l'extrémité du ventre d'un roux-testacé et les intersections intermédiaires d'un roux de poix. *Métasternum* subconvexe. *Ventre* convexe, fortement sétosellé vers son sommet, à 5e arceau parfois un peu plus développé que le précédent : le 6e saillant.

Pieds peu allongés, très-finement pubescents, obsolètement chagrinés, d'un roux-testacé peu brillant, avec la lame supérieure des hanches postérieures (moins le bord apical) rembrunie. *Cuisses* élargies vers leur base. *Tibias* un peu épaissis vers leur extrémité ; *les intermédiaires et postérieurs* parés vers le milieu de leur tranche externe d'une soie obscure, subredressée et subspiniforme : *les postérieurs* plus grêles, un peu moins longs que les cuisses. *Tarses* assez longuement ciliés en dessous, à peine en dessus ; *les antérieurs* courts, *les intermédiaires* un peu moins courts ; *les postérieurs* allongés, à peine moins longs que les tibias, à 1er article assez allongé, subégal aux 2 suivants réunis : les 2e à 4e oblongs, subégaux ou graduellement à peine plus courts.

PATRIE. Cette espèce habite sous les feuilles mortes, dans les lieux humides. On la rencontre dans diverses localités : les environs de Paris, le Languedoc, la Provence, etc.

OBS. Elle est difficile à distinguer de la *Myllaena valida*. Cependant elle est d'une taille moindre. Les antennes sont un peu plus grêles, avec leur dernier article un peu plus allongé. Le prothorax paraît un peu plus court, avec ses angles postérieurs un peu moins recourbés en arrière. L'abdomen est plus fortement sétosellé, avec son extrémité ordinairement d'un roux moins foncé. La tête est relativement plus large, etc.

5. Myllaena minuta, GRAVENHORST.

Oblongue, légèrement convexe, très-finement et très-densement pubescente ou comme duveteuse, très-finement et très-densement chagrinée ; d'un noir mat, avec le sommet de l'abdomen d'un roux brunâtre, la bouche, le 1er article des antennes et les pieds d'un testacé obscur. Antennes grêles, subfiliformes, à pénultièmes articles (8 à 10) à peine aussi longs que larges. Prothorax transverse, sensiblement rétréci en avant, légèrement arqué sur les côtés, aussi large postérieurement que les élytres, à angles postérieurs subobtus, à peine recourbés en arrière. Elytres courtes, un peu moins longues que le prothorax, légèrement convexes. Abdomen fortement atténué en arrière, sensiblement convexe, fortement et éparsement sétosellé. Tarses postérieurs allongés, à peine moins longs que les tibias.

Aleochara minuta, GRAVENHORST, Mon. 174, 68. — GYLLENHAL, Ins. suec. II, 427, 29.

Myllæna minuta, ERICHSON, Col. march. I, 384, 3. — Gen. et spec. Staph. 211, 3. — HEER. Faun. col. Helv. I, 303, 3. — REDTENBACHER, Faun. austr. 677. — FAIRMAIRE et LABOULBÈNE, Faun. Ent. Fr. I, 469, 3. — KRAATZ, Ins. Deut. II, 369, 3. — THOMSON, Skand. Col. III, 16, 3, 1861.

Centroglossa minuta, MATTHEWS, Ent. Mag. V, pl. 193, fig. 1.

Long. 0,0014 (2/3 l.) — Larg. 0,0004 (1/5 l.)

Corps oblong ou parfois suballongé, légèrement convexe ; très-finement et très-densement chagriné ; d'un noir mat ou presque mat, avec l'extrémité de l'abdomen d'un rouge brun ; revêtu d'une très-fine pubescence grisâtre, très-courte, couchée, très-serrée et comme duveteuse.

Tête à peine aussi large que la moitié de la base du prothorax ; très-finement pubescente ; très-finement, très-densement et obsolètement chagrinée ; d'un noir peu brillant ou presque mat. *Front* large, subconvexe. *Epistome* assez convexe. *Labre* assez convexe, presque lisse, légèrement pubescent, d'un testacé de poix. *Parties de la bouche* d'un testacé obscur.

Yeux subovalaires, noirs.

Antennes grêles, un peu plus longues que la tête et le prothorax réunis, subfiliformes ou à peine épaissies vers leur extrémité ; très-finement duveteuses et en outre très-brièvement ou à peine pilosellées vers le sommet de chaque article ; obscures, avec le 1er article d'un testacé de poix : celui-ci suballongé, faiblement renflé en massue : le 2e allongé, obconique, évidemment plus long et à peine moins épais que le 1er : le 3e peu allongé ou oblong, beaucoup moins long et à peine plus grêle que le 2e : les 4e à 10e subconiques, non ou à peine oblongs, avec les pénultièmes (8-10) à peine plus épais, à peine aussi longs que larges : le dernier un peu moins long que les deux précédents réunis, ovalaire-oblong, acuminé et finement cilié au sommet.

Prothorax sensiblement transverse, environ une fois et un tiers aussi large que long; largement subéchancré au sommet, avec les angles antérieurs subinfléchis, obtus et arrondis; sensiblement plus étroit en avant; aussi large postérieurement que les élytres; légèrement et assez régulièrement arqué sur les côtés; faiblement arrondi à sa base, avec celle-ci à peine sinuée de chaque côté près des angles postérieurs qui sont un peu obtus et à peine recourbés en arrière; légèrement convexe sur son disque; très-finement et très-densement pubescent ou comme duveteux ; offrant en outre vers les côtés une ou deux légères et courtes soies redressées, peu distinctes et plus ou moins caduques; très-finement, très-densement et subobsolètement chagriné; entièrement d'un noir mat ou presque mat.

Ecusson plus ou moins caché, finement duveteux, très-finement chagriné, d'un noir mat.

Elytres courtes, formant ensemble un carré fortement transverse; un peu moins longues que le prothorax ; à peine plus larges en arrière qu'en avant, presque subrectilignes ou à peine arquées postérieurement sur leurs côtés; arcuément et simultanément subéchancrées à leur bord apical ; faiblement et subcirculairement (1) sinuées au sommet vers leur angle postéro-externe, avec le sutural droit ou presque droit; légèrement convexes sur leur disque; très-finement et très-densement pubescentes ou comme duveteuses; très-finement et très-densement chagrinées; entièrement d'un noir mat ou presque mat. *Epaules* cachées.

Abdomen généralement peu allongé, aussi large à sa base que les élytres, de trois fois à trois fois et demie plus prolongé que celles-ci ; fortement et graduellement atténué ou comme acuminé en arrière; sensiblement et longitudinalement convexe sur le dos; très-finement

(1) Ici le sinus des angles postéro-externes est parfois subangulé, ce qui pourrais faire confondre cette espèce avec les *Myllæna infuscata et minima*, décrites plus loin; mais, dans ces dernières, ce même sinus est toujours plus profond, plus nettement en forme d'angle, et l'abdomen est beaucoup moins fortement atténué ou acuminé en arrière.

et très-densement pubescent ou comme duveteux; offrant, en outre, sur les côtés, sur le dos et vers le sommet, quelques soies obscures et redressées, plus ou moins longues, bien distinctes, assez raides ou subspiniformes; très-finement, très-densement et subobsolètement chagriné; d'un noir mat ou presque mat, avec le 6e segment et l'extrémité du précédent d'un rouge brun ou d'un roux obscur. *Le 5e segment* beaucoup plus développé que les précédents, largement tronqué et muni à son bord apical d'une fine membrane pâle, avec la troncature parfois subsinuée dans son milieu : *le 6e* plus ou moins saillant, prolongé en angle mousse à son sommet : *celui de l'armure* émettant deux lanières garnies de longues soies obscures.

Dessous du corps très-finement pubescent, très-finement chagriné, d'un noir presque mat, avec l'extrémité du ventre d'un rouge brun. *Métasternum* subconvexe. *Ventre* convexe, fortement sétosellé vers son sommet, à 5e arceau subégal au précédent ou à peine plus grand : le 6e saillant.

Pieds peu allongés, très-finement pubescents, obsolètement chagrinés ; d'un testacé de poix peu brillant et plus ou moins obscur, avec les hanches plus foncées. *Cuisses* élargies vers leur base. *Tibias* un peu épaissis vers leur extrémité ; *les intermédiaires et postérieurs* parés vers le milieu de leur tranche externe d'une soie obscure, subredressée et subspiniforme ; *les postérieurs* plus grêles, un peu moins longs que les cuisses. *Tarses* distinctement ciliés en dessous, à peine en dessus; *les antérieurs* courts, *les intermédiaires* un peu moins courts ; *les postérieurs* allongés, à peine moins longs que les tibias, à 1er article assez allongé, subégal aux deux suivants réunis : les 2e à 4e oblongs, subégaux ou graduellement à peine plus courts.

PATRIE. Cette espèce est assez rare. Elle se prend sous les feuilles tombées, dans les endroits humides, dans diverses parties de la France : la Normandie, les environs de Paris, la Provence, etc.

OBS. Elle a tout à fait l'aspect de la *Myllaena dubia*. Elle en est pourtant réellement distincte par ses antennes un peu moins grêles, avec leurs 4e à 10e articles moins longs; par son prothorax à angles postérieurs plus obtus, et par ses élytres à sinus des angles postéro-externes plus faible. La taille est toujours moindre, et le sommet de l'abdomen est d'un roux plus foncé, etc.

6. **Myllaena incisa**; Mulsant et Rey.

Suballongée, peu convexe, finement duveteuse, très-finement et très-densement chagrinée ; d'un noir mat, avec le 1er article des antennes, la bouche et les pieds d'un testacé obscur. Antennes grêles, faiblement épaissies vers leur extrémité, à pénultièmes articles (8 à 10) *plus longs que larges. Prothorax subtransverse, beaucoup plus étroit en avant, assez fortement arqué sur les côtés, aussi large postérieurement que les élytres ; à angles postérieurs obtus, non recourbés en arrière. Elytres assez courtes, un peu moins longues que le prothorax, à peine convexes. Abdomen assez fortement atténué en arrière, assez fortement convexe vers son extrémité, distinctement sétosellé. Tarses postérieurs allongés, un peu moins longs que les tibias.*

♂ *Le* 6e *arceau ventral* fortement arrondi à son sommet, presque aussi prolongé que le segment abdominal correspondant.

♀ *Le* 6e *arceau ventral* subtronqué, beaucoup moins prolongé que le segment abdominal correspondant.

Long. 0,0029 (1 l. 1/3). — Larg. 0,0010 (1/2 l.)

Corps assez allongé, peu ou à peine convexe, très-finement et très-densement chagriné, d'un noir mat ; revêtu d'un léger duvet cendré et soyeux, très-court, déprimé et très-serré.

Tête de la largeur environ du tiers de la base du prothorax, finement duveteuse, très-finement et très-densement chagrinée, d'un noir mat. *Front* large, convexe. *Epistome* assez convexe, offrant en avant une assez large ceinture d'un roux testacé. *Labre* longitudinalement convexe, presque lisse, légèrement cilié, d'un roux testacé. *Parties de la bouche* d'un testacé de poix.

Yeux subovalaires, noirs.

Antennes grêles, évidemment plus longues que la tête et le prothorax réunis, très-faiblement et graduellement épaissies vers leur extrémité ;

très-finement duveteuses et en outre très-brièvement pilosellées vers le sommet de chaque article ; d'un brun de poix, avec le 1er article plus clair ou subtestacé : celui-ci suballongé, sensiblement renflé en massue, le 2e allongé, obconique, visiblement moins épais et plus long que le 1er : le 3e suballongé, obconique, un peu plus grêle et beaucoup moins long que le 2e : les 4e à 10e graduellement un plus épais, obconico-subcylindriques, tous visiblement plus longs que larges : le dernier un peu moins long que les 2 précédents réunis, ovalaire-oblong ou subelliptique, acuminé et finement cilié-fasciculé à son sommet.

Prothorax subtransverse ou un peu moins long que large : largement et à peine échancré au sommet, avec les angles antérieurs subinfléchis, très-obtus et fortement arrondis ; beaucoup plus étroit en avant ; aussi large postérieurement que les élytres ; assez fortement et régulièrement arqué sur les côtés ; très-faiblement arrondi à sa base, avec celle-ci un peu redressée ou à peine visiblement sinuée de chaque côté vers les angles postérieurs qui sont obtus et non ou à peine recourbés en arrière ; faiblement convexe sur son disque ; finement et très-densement duveteux ; offrant en outre sur le bord antérieur et près des côtés quelques légères et courtes soies redressées, peu distinctes ou plus ou moins caduques ; très-finement et très-densement chagriné ; entièrement d'un noir mat.

Ecusson presque entièrement caché, très-finement duveteux, très-finement chagriné, d'un noir mat.

Elytres assez courtes, formant ensemble un carré assez fortement transverse ; un peu moins longues que le prothorax ; à peine plus larges en arrière qu'en avant et à peine arquées sur leurs côtés ; subarcuément, faiblement et simultanément échancrées à leur bord apical ; fortement, angulairement et aigument entaillées au sommet vers leur angle postéro-externe, avec le sutural droit ; à peine convexes ou même subdéprimées sur leur disque ; finement et très-densement duveteuses ; offrant parfois près des côtés au-dessous des épaules une légère et courte soie redressée, peu visible et plus ou moins caduque ; très-finement et très-densement chagrinées ; entièrement d'un noir mat.

Epaules cachées.

Abdomen parfois assez allongé, aussi large à sa base que les élytres, de 3 fois à 3 fois et un tiers plus prolongé que celles-ci ; assez fortement et graduellement atténué en arrière ; subdéprimé vers sa base, assez fortement convexe postérieurement ; très-finement et très-densement duveteux ; paré en outre sur les côtés, sur le dos et vers le sommet, de soies obscures, assez longues, plus ou moins redressées, assez raides ou subspiniformes ; très-finement et très-densement chagriné ; d'un noir mat ou presque mat, avec le sommet non ou à peine moins foncé. *Le 5e segment* beaucoup plus développé que les précédents, largement tronqué ou à peine échancré et muni à son bord apical d'une fine membrane pâle et bien tranchée : *le* 6e saillant, prolongé à son sommet en ogive obtuse : *celui de l'armure* caché, émettant 2 lanières garnies de longues soies obscures.

Dessous du corps très-finement duveteux, très-finement chagriné, d'un noir mat ou presque mat. *Métasternum* subconvexe. *Ventre* convexe, distinctement sétosellé vers son extrémité, à 5e arceau un peu plus développé que le prédédent : le 6e plus ou moins saillant.

Pieds peu allongés. finement duveteux, finement chagrinés, d'un testacé obscur ou d'un roux testacé avec les hanches plus ou moins rembrunies, ainsi que parfois les cuisses intermédiaires et postérieures et les tibias postérieurs moins leur base. *Cuisses* élargies vers leur base. *Tibias* graduellement épaissis vers leur extrémité ; *les intermédiaires et postérieurs* parés vers le milieu de leur tranche externe d'une soie obscure et subredressée, subspiniforme ; *les postérieurs* plus grêles, un peu moins longs que les cuisses. *Tarses* assez longuement ciliés en dessous, à peine en dessus ; *les antérieurs* courts, *les intermédiaires* un peu moins courts ; *les postérieurs* allongés, un peu moins longs que les tibias, à 1er article allongé, égal aux 2 suivants réunis : les 2e à 4e oblongs, subégaux ou graduellement à peine plus courts.

Patrie. Cette espèce est assez rare. Elle se trouve en Provence, sur le bord des eaux saumâtres.

Obs. Elle ressemble, au premier coup d'œil à la *Myllaena valida* dont elle a à peu près la forme et la taille. Elle en diffère par sa pubescence plus fine, plus courte et comme duveteuse ; par son prothorax un peu moins transverse, à angles postérieurs obtus et moins recourbés en arrière; par ses élytres moins courtes, plus profondément et aigument entaillées au sommet vers leur angle postéro-externe, par son abdomen moins fortement atténué en arrière. Les pieds sont plus obscurs au moins dans certaines de leurs parties, etc.

Quelquefois, chez les sujets immatures, le dessus du corps, ou au moins le prothorax et les élytres, sont d'un roux testacé.

7. **Myllaena longata**, MATTHEWS.

Allongée, assez étroite, peu convexe, finement duveteuse, très-finement et très-densement chagrinée ; d'un noir mat et plus ou moins grisâtre, avec le sommet de l'abdomen et les antennes d'un roux de poix, le 1er article de celles-ci, la bouche et les pieds d'un roux-testacé. Antennes assez grêles, subfiliformes, à pénultièmes articles plus longs que larges. Prothorax transverse, un peu plus étroit en avant, sensiblement arqué sur les côtés, un peu plus large que les élytres ; à angles postérieurs obtus, non recourbés en arrière. Elytres courtes, sensiblement moins longues que le prothorax, à peine convexes. Abdomen légèrement atténué en arrière, assez fortement convexe et assez fortement sétosellé vers son extrémité. Tarses postérieurs allongés, presque aussi longs que les tibias.

♂ *Le 6e arceau ventral* fortement arrondi à son bord apical, presque aussi prolongé que le segment abdominal correspondant, assez longuement cilié à son bord postérieur.

♀ *Le 6e arceau ventral* distinctement sinué dans le milieu de son bord apical, un peu moins prolongé que le segment abdominal correspondant, brièvement cilié à son bord postérieur.

Centroglossa elongata, MATTHEWS, Ent. Mag. V, 196.
Myllaena glauca, AUBÉ, Ann. Soc. Ent. Fr. 1850, 314. — FAIRMAIRE et LABOULBÈNE, Faun. Ent. Fr. 1, 469, 4, 1854.
Myllaena elongata, KRAATZ, Stett. Ent. Zeit. 1853, XIV, 1, 373; Ins. Deut. II, 370, 5.
Myllaena gracilicornis, FAIRMAIRE et BRISOUT, Ann. Soc. Ent. Fr. 1859, 39.

Long. 0.0030 (1 l. 1/3). — Larg. 0,0007 (1/3 l.)

Corps allongé, assez étroit, peu convexe, très-finement et très-densement chagriné, d'un noir mat, avec le sommet de l'abdomen d'un roux de poix assez foncé; revêtu d'un léger duvet cendré et soyeux, très-court, déprimé, très-serré, et qui imprime au prothorax et aux élytres une teinte d'un gris glauque.

Tête un peu plus large que le tiers de la base du prothorax, finement duveteuse, très-finement et très-densement chagrinée, d'un noir presque mat. *Front* large, assez convexe. *Epistome* longitudinalement convexe, offrant à sa partie antérieure une assez large ceinture pâle ou testacée. *Labre* assez convexe, presque lisse, d'un roux testacé, finement cilié surtout vers les côtés et vers le sommet. *Parties de la bouche* d'un roux-testacé, avec *le pénultième article des palpes maxillaires* plus foncé.

Yeux subovalaires, noirs, parfois à reflets micacés.

Antennes assez grêles, évidemment plus longues que la tête et le prothorax réunis; subfiliformes ou à peine plus épaisses vers leur extrémité; très-finement duveteuses et en outre brièvement pilosellées vers le sommet de chaque article; d'un roux de poix, avec le 1er article ordinairement plus clair ou d'un roux-testacé: celui-ci suballongé, un peu renflé en massue: le 2e allongé, subcylindrico-obconique, évidemment plus long et un peu moins épais que le 1er: le 3e suballongé, obconico-subcylindrique, beaucoup moins long et un peu plus grêle que le 2e: les 4e à 10e moins longs que le 3e, en forme de tronçon de cône, tous évidemment plus longs que larges, avec les pénultièmes à peine plus épais: le dernier un peu moins long que les 2 précédents réunis, ovalaire-oblong ou subelliptique, acuminé et finement cilié à son sommet.

Prothorax transverse, presque 1 fois et un tiers aussi large que long; largement subéchancré au sommet, avec les angles antérieurs subinfléchis, obtus et arrondis; un peu plus étroit en avant; un peu plus large, dans sa partie postérieure et surtout dans son milieu, que les élytres; sensiblement et régulièrement arqué sur les côtés; très-faiblement arrondi à sa base, avec celle-ci à peine redressée de chaque côté près des angles postérieurs qui sont obtus et non visiblement recourbés en arrière; faiblement convexe sur son disque; finement et très-densement duveteux; très-finement et très-densement chagriné: entièrement d'un noir mat passant au gris glauque par l'effet de la pubescence.

Ecusson parfois caché, finement duveteux, très-finement chagriné, d'un noir mat et grisâtre.

Elytres courtes, formant ensemble un carré fortement transverse; sensiblement moins longues que le prothorax; subparallèles et presque subrectilignes sur leurs côtés; subarcuément, faiblement et simultanément échancrées à leur bord apical; assez fortement et angulairement sinuées au sommet vers leur angle postéro-externe, avec le sutural droit; à peine convexes ou même subdéprimées sur leur disque; finement et très-densement duveteuses; très-finement et très-densement chagrinées; entièrement d'un noir mat, passant au gris glauque par l'effet de la pubescence. *Epaules* cachées.

Abdomen suballongé, presque aussi large ou à peine moins large à sa base que les élytres, de 3 fois à 3 fois et demie plus prolongé que celles-ci; légèrement et graduellement atténué postérieurement, subdéprimé vers sa base, plus ou moins convexe en arrière; très-finement et très-densement duveteux; offrant, en outre, sur les côtés, sur le dos et surtout vers le sommet, de longues soies obscures, plus ou moins redressées, assez raides ou subspiniformes; très-finement et très-densement chagriné; d'un noir mat, avec le 6e segment et le sommet du précédent d'un roux de poix assez foncé. *Le 5e segment* beaucoup plus développé que les précédents, largement tronqué ou à peine échancré et muni à son bord apical d'une fine membrane pâle: *le 6e*, saillant, prolongé à son sommet en ogive plus ou moins émoussée: *celui de l'armure* caché, émettant 2 lanières garnies de longues soies noires.

Dessous du corps très-finement duveteux, très-finement chagriné, d'un noir brunâtre peu brillant, avec l'extrémité du ventre et les intersections ventrales d'un roux de poix. *Métasternum* faiblement convexe. *Ventre* convexe, très-éparsement et brièvement sétosellé, avec le bord apical de chaque arceau garni de longs cils pâles et bien distincts: le 5e plus développé que le précédent: le 6e plus ou moins saillant, distinctement (♀) pointillé.

Pieds peu allongés, très-finement pubescents, très-finement chagrinés, d'un roux-testacé peu brillant avec les hanches postérieures plus ou moins rembrunies. *Cuisses* élargies avant leur milieu. *Tibias* graduellement épaissis avant leur extrémité; *les intermédiaires et posté-*

rieurs munis vers le milieu de leur tranche externe d'une soie obscure et subredressée, subspiniforme; *les postérieurs* plus grêles, un peu moins longs que les cuisses. *Tarses* assez longuement et assez densement ciliés en dessous, à peine en dessus; *les antérieurs* courts, *les intermédiaires* un peu moins courts; *les postérieurs* allongés, presque aussi longs que les tibias, à 1er article allongé, subégal aux 2 suivants réunis : les 2e à 4e oblongs, subégaux ou graduellement à peine moins longs.

PATRIE. Cette espèce est assez commune. On la trouve courant parmi les joncs et les carex, sur la vase, au bord des ruisseaux et des étangs, dans plusieurs localités de la France : les environs de Rouen, de Paris et de Lyon, la Bretagne, le Beaujolais, la Bresse, le Dauphiné, la Provence, le Languedoc, etc.

OBS. Elle diffère abondamment de toutes les précédentes par sa forme plus allongée, plus étroite, moins atténuée en arrière, et par sa couleur d'un gris glauque due à son duvet cendré.

8. **Myllaena intermedia**; ERICHSON.

Oblongue, assez large, peu convexe, finement duveteuse, très-finement et très-densement chagrinée; d'un noir mat et un peu grisâtre, avec le sommet de l'abdomen et les antennes d'un roux obscur, la base et parfois l'extrémité de celles-ci, la bouche et les pieds d'un roux testacé. Antennes assez grêles, subfiliformes, à pénultièmes articles évidemment plus longs que larges. Prothorax sensiblement transverse, plus étroit en avant, médiocrement arqué sur les côtés, aussi large postérieurement que les élytres; à angles postérieurs presque droits et visiblement recourbés en arrière. Elytres courtes, un peu moins longues que le prothorax, à peine convexes. Abdomen fortement atténué vers son extrémité, assez fortement convexe et fortement sétosellé. Tarses postérieurs allongés, presque aussi longs que les tibias.

♂ *Le 6e arceau ventral* prolongé à son sommet en angle arrondi, presque aussi saillant que le segment abdominal correspondant.

♀ *Le 6e arceau ventral* prolongé à son sommet en angle très-obtus, un peu moins saillant que le segment abdominal correspondant.

Myllaena intermedia, Erichson, Col. march. I, 383, 2. — Gen. et spec. Staph. 210, 2. — Heer, Faun. col. Helv. I, 303, 2. — Redtenbacher, Faun. Austr. 677. — Fairmaire et Laboulbène, Faun. Ent. Fr. I, 469, 2. — Kraatz, Ins. Deut. II, 369, 2. — Jacquelin Du Val, Gen. Col. Eur. Staph. pl. 8, fig. 39. — Thomson, Skand. Col. III, 16, 2, 1861.

Centroglossa attenuata, Matthews, Ent. Mag. V, p. 196, fig. 2.

Variété *a*. *Antennes* presque entièrement testacées.

Long. 0,0027 (1 l. 1/4). — Larg. 0,0007 (1/3 l.)

Corps oblong, assez large, peu convexe, très-finement et très-densement chagriné, d'un noir mat et un peu grisâtre; revêtu d'un léger duvet cendré et soyeux très-court, déprimé et très-serré.

Tête un peu moins large que la moitié de la base du prothorax, finement duveteuse, très-finement chagrinée, d'un noir peu brillant. *Front* large, assez convexe. *Epistome* convexe, testacé à son bord antérieur. *Labre* subconvexe, presque lisse, d'un roux testacé, finement cilié. *Parties de la bouche* d'un roux testacé, avec le *pénultième article des palpes maxillaires* plus foncé.

Yeux subovalaires, noirâtres.

Antennes assez grêles, à peine plus longues que la tête et le prothorax réunis, subfiliformes ou à peine plus épaisses vers leur extrémité; très-finement duveteuses et en outre brièvement pilosellées vers le sommet de chaque article; d'un roux de poix, avec la base et souvent l'extrémité plus claires ou testacées ; à 1er article suballongé, sensiblement renflé en massue : le 2e allongé, obconique, évidemment plus long et sensiblement moins épais que le 1er : le 3e suballongé, sensiblement moins long mais à peine plus grêle que le 2e : les 4e à 10e moins longs que le 3e, en forme de tronçon de cône, tous oblongs ou évidemment plus longs que larges, avec les pénultièmes à peine moins longs et à peine plus épais : le dernier suballongé, presque aussi long que les deux précédents réunis, subcylindrico-fusiforme, acuminé et finement cilié-fasciculé à son sommet.

Prothorax sensiblement transverse, environ une fois et un tiers aussi large que long; largement et à peine échancré au sommet avec les angles antérieurs subinfléchis, obtus et arrondis; visiblement plus étroit en avant; aussi large postérieurement que les élytres; médiocrement et régulièrement arqué sur les côtés; à peine arrondi à sa base, avec celle-ci un peu sinuée de chaque côté près des angles postérieurs qui sont presque droits et visiblement recourbés en arrière; légèrement convexe sur son disque, un peu plus sensiblement dans sa partie antérieure; finement et très-densement duveteux; très-finement et très-densement chagriné; entièrement d'un noir mat et un peu grisâtre par l'effet de la pubescence.

Ecusson très-finement duveteux, très-finement chagriné, d'un noir mat.

Elytres courtes, formant ensemble un carré fortement transverse; un peu moins longues que le prothorax; à peine plus larges en arrière qu'en avant et à peine arquées postérieurement sur les côtés; arcuément et simultanément subéchancrées à leur bord apical; assez-fortement et angulairement sinuées au sommet vers leur angle postéro-externe, avec le sutural presque droit; à peine convexes ou même subdéprimées sur leur disque; finement et très-densement duveteuses; très-finement et très-densement chagrinées; entièrement d'un noir mat et un peu grisâtre par l'effet de la pubescence. *Epaules* cachées.

Abdomen assez court, presque aussi large ou à peine moins large à sa base que les élytres, environ deux fois et demie plus prolongé que celles-ci; fortement et graduellement atténué en arrière; assez fortement et longitudinalement convexe sur le dos; très-finement et très-densement duveteux; offrant en outre, sur le dos, sur les côtés et vers le sommet, de longues soies obscures, redressées, assez nombreuses, assez raides ou subspiniformes; très-finement et très-densement chagriné; d'un noir mat, avec le 6e segment et l'extrémité du précédent d'un roux obscur. *Le* 5e beaucoup plus développé que les précédents, largement tronqué ou à peine échancré et muni à son bord apical d'une fine membrane pâle et bien tranchée: *le* 6e saillant, prolongé en angle plus ou moins émoussé à son sommet : *celui de l'armure* peu distinct, émettant deux lanières garnies de longues soies noires.

Dessous du corps très-finement et densement pubescent, très-finement chagriné ; d'un noir un peu brillant, avec l'extrémité du ventre et les intersections ventrales d'un roux plus ou moins foncé. *Métasternum* légèrement convexe. *Ventre* convexe, assez fortement sétosellé surtout dans sa partie postérieure, avec le bord apical de chaque arceau garni de longs cils pâles et peu serrés ; le 5e non ou parfois un peu plus développé que le précédent : le 6e saillant, plus ou moins prolongé.

Pieds peu allongés, finement duveteux, très-finement chagrinés, d'un roux-testacé peu brillant avec les hanches plus ou moins rembrunies. *Cuisses* élargies avant leur milieu. *Tibias* un peu épaissis vers leur extrémité ; *les intermédiaires et postérieurs* offrant vers le milieu de leur tranche externe une soie obscure, redressée et assez raide ; *les postérieurs* plus grêles, un peu moins longs que les cuisses. *Tarses* longuement ciliés en dessous, à peine en dessus ; *les antérieurs* courts, *les intermédiaires* un peu moins courts ; *les postérieurs* allongés, presque aussi longs que les tibias, à 1er article assez allongé, presque aussi long que les 2 suivants réunis : les 2e à 4e oblongs, graduellement un peu moins longs.

Patrie. Cette espèce se rencontre communément sous les feuilles tombées, dans les bois humides ; dans les environs de Paris et de Lyon, la Normandie, le Beaujolais, la France méridionale, les Pyrénées, etc.

Obs. Elle se distingue de la *Myllaena elongata* par sa forme plus courte, par son prothorax plus fortement transverse avec les angles postérieurs plus droits, et par son abdomen beaucoup plus fortement atténué en arrière. Elle diffère de la *Myllaena dubia* par ses élytres un peu moins courtes, à sinus plus profond et plus angulé, par son abdomen un peu moins acuminé vers son extrémité, par sa couleur plus grise, etc.

Le 6e segment abdominal est plus aigu à son sommet chez le ♂ que chez la ♀.

9. Myllaena infuscata, Kraatz.

Oblongue, assez large, faiblement convexe, finement duveteuse, très-finement et très-densement chagrinée, d'un noir brunâtre et presque mat, avec le sommet de l'abdomen et les antennes d'un roux obscur, le 1er article de celles-ci, la bouche et les pieds d'un roux-testacé. Antennes grêles, à peine épaissies vers leur extrémité, à pénultièmes articles (8 à 10) *à peine aussi longs que larges. Prothorax transverse, plus étroit en avant, sensiblement arqué sur les côtés, aussi large postérieurement que les élytres, à angles postérieurs presque droits mais non recourbés en arrière. Elytres courtes, un peu moins longues que le prothorax, à peine convexes. Abdomen fortement atténué en arrière, sensiblement convexe et fortement sétosellé. Tarses postérieurs suballongés, un peu moins longs que les tibias.*

♂ *Le 6e arceau ventral* prolongé à son sommet en angle émoussé, aussi saillant que le segment abdominal correspondant.

♀ *Le 6e arceau ventral* simplement arrondi à son sommet, moins saillant que le segment abdominal correspondant.

Myllaena infuscata, Ferrari (inédit); — Kraatz, Stett. Ent. Zeit. XIV, 378, 3; — Ins. Deut. II, 371, 7.

Long. 0,0012 (1/2 l.). — Larg. 0,00043 (1/5 l.)

Corps oblong, assez large, faiblement convexe, très-finement et très-densement chagriné ; d'un noir presque mat, avec le prothorax et les élytres à peine moins foncés ou brunâtres, et le sommet de l'abdomen d'un roux obscur ; revêtu d'un léger duvet un peu cendré, très-court, déprimé et très-serré.

Tête un peu moins large que le prothorax, finement duveteuse, très-finement et subobsolètement chagrinée, d'un noir peu brillant. *Front* large, assez convexe. *Epistome* longitudinalement convexe, testacé à son bord antérieur. *Labre* subconvexe, presque lisse, d'un roux-testacé, finement cilié. *Parties de la bouche* d'un roux-testacé, avec *le pénultième article des palpes maxillaires* un peu plus foncé.

Yeux subovalaires, noirâtres.

Antennes grêles, aussi longues ou à peine plus longues que la tête et le prothorax réunis; subfiliformes ou à peine épaissies vers leur extrémité; très-finement duveteuses et en outre brièvement ou à peine pilosellées vers le sommet de chaque article; d'un roux plus ou moins obscur, avec le 1er article plus clair ou d'un roux-testacé : celui-ci suballongé, sensiblement renflé en massue : le 2e allongé, obconique, évidemment plus long et un peu moins épais que le 1er : le 3e oblong, un peu plus grêle et beaucoup moins long que le 2e : les 4e à 10e obconiques, graduellement à peine plus épais, presque subégaux : les 4e à 7e aussi longs, les 8e à 10e à peine aussi longs que larges : le dernier assez épais, à peine aussi long que les 2 précédents réunis, ovalaire, acuminé et finement cilié-fasciculé à son sommet.

Prothorax sensiblement ou même assez fortement transverse, environ 1 fois et un tiers aussi large que long; largement et à peine échancré au sommet, avec les angles antérieurs subinfléchis, très-obtus et arrondis; visiblement plus étroit en avant; aussi large postérieurement que les élytres; sensiblement ou même assez fortement et régulièrement arqué sur les côtés; à peine arrondi à sa base, avec celle-ci à peine redressée de chaque côté près des angles postérieurs, qui sont presque droits mais non visiblement recourbés en arrière; légèrement convexe sur son disque; finement et très-densement duveteux, avec quelques légers et courts cils, peu distincts, vers les côtés; très-finement et très-densement chagriné; entièrement d'un noir presque mat et parfois un peu brunâtre.

Ecusson souvent caché, très-finement duveteux, très-finement chagriné, d'un noir mat.

Élytres courtes, formant ensemble un carré fortement transverse, un peu moins longues que le prothorax; à peine plus larges en arrière qu'en avant et à peine arquées postérieurement sur les côtés; faiblement et simultanément subéchancrées à leur bord postérieur; sensiblement et angulairement sinuées au sommet vers leur angle postéro-externe, avec le sutural presque droit; à peine convexes ou même subdéprimées sur leur disque; finement et très-densement duveteuses, avec une légère et courte soie redressée, peu distincte ou caduque, près des côtés au-dessous des épaules; très-finement et très-densement chagrinées; entièrement d'un noir preque mat et un peu grisâtre. *Epaules* cachées.

Abdomen assez court, à peine ou un peu moins large à sa base que les élytres : environ 2 fois et demie plus prolongé que celles-ci; fortement et graduellement atténué en arrière; sensiblement et longitudinalement convexe sur le dos; très-finement et très-densement duveteux; offrant en outre, sur le dos, sur les côtés et vers le sommet, de longues soies obscures et redressées, assez nombreuses et assez raides; très-finement, très-densement et subobsolètement chagriné; d'un noir presque mat, avec le 6e segment et l'extrémité du précédent d'un roux plus ou moins foncé. *Le* 5e beaucoup plus développé que les précédents, largement tronqué et muni à son bord apical d'une très-fine membrane pâle : *le* 6e saillant, prolongé à son sommet en angle plus ou moins aigu : *celui de l'armure* caché, émettant 2 faisceaux de longues soies obscures.

Pieds peu allongés, finement duveteux, très-finement chagrinés, d'un roux-testacé peu brillant, avec les hanches un peu plus obscures. *Cuisses* élargies avant leur milieu. *Tibias* un peu épaissis vers leur extrémité; *les intermédiaires et postérieurs* parés vers le milieu de leur tranche externe d'une soie obscure et redressée, bien distincte; *les postérieurs* plus grêles, un peu moins longs que les cuisses. *Tarses* distinctement ciliés en dessous, à peine en dessus; *les antérieurs* courts, *les intermédiaires* un peu moins courts; *les postérieurs* suballongés, un peu moins longs que les tibias, à 1er article assez allongé, presque égal aux 2 suivants réunis : les 2e à 4e oblongs, graduellement un peu moins longs.

Patrie. On rencontre, assez rarement, cette espèce parmi les feuilles mortes et les mousses des forêts, dans les environs de Paris et de Lyon, le Beaujolais, etc.

Obs. Elle diffère de la *Myllaena intermedia* par sa taille moindre; par ses antennes plus courtes, avec les 4e à 10e articles moins longs. Elle ressemble aussi à la *Myllaena minuta*, mais elle est un peu plus petite; le prothorax est un peu plus long; le sinus des élytres est plus angulé, et l'abdomen moins fortement acuminé en arrière.

Quelquefois les antennes sont plus obscures ou brunâtres ; le milieu des tibias est parfois légèrement enfumé, et le sommet de l'abdomen est rarement concolore.

10. Myllaena minima; Kraatz.

Oblongue, subconvexe, finement duveteuse, très-finement et densement chagrinée; d'un noir mat, avec le prothorax, les élytres et le sommet de l'abdomen d'un brun un peu roussâtre, les antennes d'un roux testacé obscur, le 1er article de celles-ci, la bouche et les pieds plus pâles. Antennes grêles, à peine épaissies vers leur extrémité, à pénultièmes articles (8 *à* 10) *à peine aussi longs que larges. Prothorax subtransverse, un peu plus étroit en avant, sensiblement arqué sur les côtés, un peu plus large que les élytres, à angles postérieurs presque droits mais non recourbés en arrière. Elytres très-courtes, beaucoup moins longues que le prothorax, légèrement convexes. Abdomen médiocrement atténué en arrière, assez fortement convexe, longuement sétosellé. Tarses postérieurs allongés, un peu moins longs que les tibias.*

♂ *Le* 6e *arceau ventral* subangulé et presque aussi prolongé que le segment abdominal correspondant.

♀ *Le* 6e *arceau ventral* obtusément arrondi, sensiblement moins prolongé que le segment abdominal correspondant.

Myllaena minima, Kraatz, Stett. Ent. Zeit. XIV, 374. 4; — Ins. Deut. II, 371 ,.

Long. 0,0011 (1/2 l.) — Larg. 0,0004 (1/5 l. à peine).

Corps oblong, subconvexe, très-finement et très-densement chagriné; d'un noir mat, avec le prothorax, les élytres et le sommet de l'abdomen moins foncés ou d'un brun un peu roussâtre; revêtu d'un léger duvet d'un cendré obscur, très-court, déprimé et serré.

Tête environ de la largeur de la moitié de la base du prothorax; finement duveteuse; très-finement, très-densement et subobsolètement chagrinée; d'un noir peu brillant ou presque mat. *Front* large, convexe. *Epistome* longitudinalement convexe, assez brillant, d'un roux testacé à sa partie antérieure. *Labre* assez convexe, presque lisse, testacé, finement cilié vers son sommet. *Parties de la bouche* d'un testacé assez pâle.

Yeux subovalaires, noirs.

Antennes grêles, aussi longues ou à peine plus longues que la tête et le prothorax réunis; subfiliformes ou à peine épaissies vers leur extrémité ; très-finement duveteuses et en outre brièvement ou à peine pilosellées vers le sommet de chaque article; d'un testacé obscur, avec le 1er article plus pâle : celui-ci suballongé, légèrement renflé en massue : le 2e allongé, obconique, sensiblement plus long et un peu moins épais que le 1er : le 3e oblong, obconique, beaucoup moins long et un peu plus grêle que le 2e : les 4e à 10e obconiques, graduellement et à peine plus épais, presque subégaux : les 4e à 7e aussi longs, les 8e à 10e à peine aussi longs que larges : le dernier presque aussi long que les deux précédents réunis, ovalaire-oblong, fortement acuminé et finement cilié-fasciculé à son sommet.

Prothorax subtransverse ou un peu plus large que long; largement tronqué ou à peine échancré au sommet, avec les angles antérieurs subinfléchis, très-obtus et subarrondis; un peu plus étroit en avant; à peine plus large à sa base que les élytres, mais plus visiblement vers le milieu de ses côtés, avec ceux-ci sensiblement ou même assez fortement arqués; subtronqué ou à peine arrondi à sa base, avec les angles postérieurs presque droits et non recourbés en arrière; légèrement ou même passablement convexe sur son disque; très-finement et densement duveteux; très-finement et très-densement chagriné; entièrement d'un brun mat un peu ou à peine roussâtre.

Ecusson plus ou moins caché, très finement duveteux, très-finement chagriné, brunâtre.

Elytres très-courtes, formant ensemble un carré très-fortement transverse, beaucoup ou d'un bon tiers moins longues que le prothorax; à peine moins larges en arrière qu'en avant et à peine arquées sur les côtés; faiblement, arcuément et simultanément arquées à leur bord postérieur; sensiblement et angulairement sinuées au sommet vers leur angle postéro-externe, avec le sutural presque droit; légèrement convexes sur leur disque; finement duveteuses; très-finement et très-densement chagrinées; entièrement d'un brun mat, souvent un peu ou à peine roussâtre. *Epaules* cachées.

Abdomen assez court, à peine moins large à sa base que les élytres, presque deux fois et demie plus prolongé que celles-ci ; médiocrement et graduellement atténué en arrière; assez fortement et longitudinalement convexe sur le dos; très-finement et densement duveteux ; offrant en outre, surtout sur les côtés et vers le sommet, quelques longues soies obscures et plus ou moins redressées; très-finement et très-densement chagriné ; d'un noir mat ou presque mat, avec le 6e segment et l'extrémité du précédent d'un brun roussâtre. *Le* 5e beaucoup plus développé que les précédents, très-largement tronqué et muni à son bord apical d'une très-fine membrane pâle : *le* 6e saillant, prolongé en angle plus (♂) ou moins (♀) arrondi au sommet.

Dessous du corps très-finement duveteux, très-finement chagriné, d'un noir presque mat, avec le sommet du ventre et les intersections ventrales d'un roux brunâtre. *Métasternum* légèrement convexe. *Ventre* convexe, éparsement sétosellé vers son extrémité, à 5e arceau subégal au précédent ou un peu plus long : le 6e saillant, plus ou moins prolongé.

Pieds peu allongés, finement duveteux, très-finement chagrinés, d'un testacé assez pâle. *Cuisses* élargies avant leur milieu. *Tibias* graduellement épaissis vers leur extrémité ; *les intermédiaires et postérieurs* parés vers le milieu de leur tranche externe d'une soie obscure, subredressée, assez raide et bien apparente ; *les postérieurs* plus grêles, un peu moins longs que les cuisses. *Tarses* assez longuement ciliés en dessous, à peine en dessus ; *les antérieurs* courts, *les intermédiaires* un peu moins courts ; *les postérieurs* allongés, un peu ou à peine moins longs que les tibias, à 1er article allongé, subégal aux deux suivants réunis : les 2e à 4e oblongs, subégaux ou graduellemeut à peine plus courts.

Patrie. Cette espèce est assez rare. Elle se prend dans les environs de Lyon, parmi les mousses humides, au bord des marais ou des pièces d'eau.

Obs. Bien que de la taille et de la tournure de la précédente, elle s'en distingue néanmoins par des caractères bien tranchés. Par exemple, le prothorax est moins transverse, les élytres sont beaucoup plus courtes, et l'abdomen est moins fortement atténué en arrière. En outre, la forme générale est à peine moins large, et les antennes sont moins obscures, etc.

Suit la description d'une espèce que nous n'avons pas vue en nature.

11. Myllaenaea gracilis; Matthews.

Noire, mate, couverte d'une pubescence cendrée et soyeuse ; antennes assez robustes, d'une couleur de poix ainsi que les pieds ; angles postérieurs du prothorax obtus.

Centroglossa gracilis, Matthews, Ent. Mag. V, 197.

Myllaenea forticornis, Kraatz, Stett. Ent. Zeit. XIV, 373, 2 ; — Ins. Deut. II, 370, 6.

Long. 1/2 à 3/4 l.

Corps un peu plus allongé mais plus étroit et plus parallèle que dans la *M. minuta*, avec l'abdomen moins rétréci en arrière ; d'un noir profond, avec les antennes et les pieds d'un brun de poix.

Les antennes sont particulièrement fortes, de la longueur de la tête et du prothorax, à 3e article beaucoup plus court que le 2e, un peu plus long que le 4e, les sept suivants à peine plus longs que larges, le dernier un peu plus grand, acuminé.

La tête est beaucoup plus grande, principalement plus large que chez la *M. minuta*.

Le prothorax est d'une moitié plus large que long, de la largeur des élytres, plus étroit en avant qu'en arrière, avec les angles antérieurs infléchis et arrondis, les postérieurs obtus, et le bord postérieur à peine échancré. Il est faiblement convexe en dessus.

Les élytres sont un peu plus courtes que le prothorax.

L'abdomen est noir, concolore.

PATRIE. Environs de Bonu, sur les bords d'une mare, dans une forêt. Cette espèce se prend aussi dans la Normandie.

Obs. Elle est suffisamment distincte par ses antennes plus robustes que dans toute autre. Le prothorax parait aussi devoir être plus court.

TROISIÈME BRANCHE

DIGLOSSAIRES

CARACTÈRES. *Corps* allongé, sublinéaire, subdéprimé.

Tête saillante, peu engagée dans le prothorax. *Tempes* sans rebord latéral distinct. *Palpes maxillaires* notablement développés. *Palpes labiaux* longs, sétacés, de 2 articles. *Antennes* peu ou médiocrement allongées, légèrement épaissies vers leur extrémité, de 11 articles. *Prothorax* suboblong, rétréci en arrière, subtronqué à sa base. *Elytres* subcarrées ou transverses, simples et mutiques sur leurs côtés. *Prosternum* peu développé au devant des hanches antérieures. *Métasternum* sensiblement développé, à lame médiane prolongée en angle court jusqu'au tiers des hanches intermédiaires: *celles-ci* plus ou moins contiguës. *Abdomen* parfois élargi en arrière, sans style ou lanière apparente à son sommet. *Tibias* un peu moins longs que les cuisses: *les antérieurs* armés d'un forte dent ou éperon avant le sommet de leur tranche supérieure. *Tarses* très-courts, de 4 articles.

OBS. On a réuni cette branche aux *Gymnusaires*, à cause de la similitude des organes de la bouche. Mais nous avons cru devoir la séparer à cause de sa forme générale, de la conformation du prothorax qui est rétréci en arrière où il est plus étroit que les élytres, de ses tibias antérieurs qui offrent avant le sommet de leur tranche externe un fort éperon en forme de dent plus ou moins saillante, et de structure des tarses qui sont composés de 4 articles, et qui, loin d'être sétacés, sont très-courts et assez épais.

Par leurs faciès et leurs habitudes les *Diglossaires* rappellent les *Phytosales* de la branche des *Bolitochargires*, et les tibias antérieurs, bien qu'armés d'une seule dent au lieu de présenter une série d'épines, annoncent, par là même, une certaine analogie de mœurs.

Cette branche des *Diglossaires* se réduit à un seul genre :

Genre *Diglossa* Diglosse ; Haliday.

Haliday, Ent. mag. IV, p. 252.

Etymologie : δίς, deux ; γλῶσσα, langue.

Caractères. *Corps* allongé, étroit, sublinéaire, ailé ou aptère.

Tête grande, subarrondie, épaisse, au moins aussi large que le prothorax, non resserrée à sa base, triangulairement rétrécie en avant, saillante, non ou à peine inclinée. *Tempes* sans rebord latéral distinct. *Epistome* court, tronqué en avant, séparé du front par une espèce de rebord subrectiligne. *Labre* transverse, légèrement sinué à son bord apical, avec le sinus rempli par une membrane. *Mandibules* saillantes, grêles, arquées et croisées à leur sommet. *Palpes maxillaires* très-développés, de 4 articles : les 2e et 3e notablement allongés : le 3e un peu plus long que le 2e, légèrement en massue vers son extrémité : le dernier très-petit, obsolète ou indistinct. *Palpes labiaux* prolongés en avant, grêles, sétacés, de 2 articles allongés : le 2e plus court, presque indistinctement articulé avec le précédent. *Menton* grand, transverse, tronqué au sommet. *Tige des mâchoires* formant à la base une dent saillante, rectangulaire ou subaiguë.

Yeux petits, subarrondis ou subovalaires, peu saillants, situés assez loin du prothorax.

Antennes médiocres ou assez courtes, assez grêles, légèrement épaissies vers leur extrémité, insérées vers le bord antéro-interne des yeux, dans une petite fossette subarrondie et peu profonde ; de 11 articles : les 2 premiers plus ou moins allongés et subépaissis : le 3e un peu plus étroit mais beaucoup plus court : les 4e à 10e plus ou moins transverses, non contigus : le dernier grand, ovalaire.

Prothorax suboblong, sensiblement rétréci en arrière où il est plus étroit que les élytres, largement tronqué au sommet avec les angles antérieurs nuls ou fortement infléchis ; subtronqué à la base qui recouvre faiblement celle des élytres, avec les angles postérieurs subobtus ; très-finement ou à peine rebordé à sa base, mais simple, mousse ou sans rebord latéral séparant le pronotum du *repli inférieur*. Celui-ci très-visible, vu de côté, à peine réfléchi, à bord interne obtusément angulé et muni d'un rebord submembraneux.

Ecusson médiocre, triangulaire.

Elytres variables, subcarrées ou transverses, tantôt subparallèles, tantôt plus larges en arrière, subcarrément tronquées à leur bord postérieur, non ou à peine sinuées au sommet vers leur angle postéro-externe, simples et subrectilignes sur leurs côtés. *Repli latéral* assez étroit, assez réfléchi, à bord interne preque droit. *Epaules* assez saillantes.

Prosternum peu développé au devant des hanches antérieures, formant entre celles-ci un angle assez distinct, mais assez ouvert et convexe ou subélevé vers son sommet. *Mésosternum* sensiblement développé, offrant entre les hanches intermédiaires un petit angle court, un peu obtus, prolongé jusqu'au tiers de celles-ci. *Médiépisternums* assez développés, confondus avec le *mésosternum ; médiépimères* assez restreintes, étroites. *Métasternum* court, de la longueur des hanches postérieures, subtransversalement coupé à son bord postérieur, largement tronqué dans le milieu de son bord antérieur. *Postépisternums* étroits, postérieurement rétrécis, à bord interne subparallèle au repli des élytres ; *postépimères* cachées ou à peine distinctes.

Abdomen allongé, un peu ou à peine plus étroit que les élytres, subparallèle ou parfois élargi postérieurement, subconvexe en dessus, fortement rebordé sur les côtés, pouvant plus ou moins se redresser en l'air; avec les premiers segments subégaux, plus ou moins impressionnés en travers à leur base : le 5e plus développé que les précédents : le 6e plus ou moins saillant, rétractile : celui de l'armure caché ou rarement apparent. *Ventre* convexe, à 1er arceau plus grand que les suivants, ceux-ci subégaux, le 6e plus ou moins saillant, rétractile.

Hanches antérieures très-grandes, coniques, un peu obliques, saillantes, plus ou moins renversées en arrière, convexes en avant, planes en dessous, contiguës ou subcontiguës au sommet. *Les intermédiaires* grandes, conico-subovales, peu saillantes, obliquement disposées, contiguës au sommet. *Les postérieures* grandes, subcontiguës ou très-rapprochées intérieurement à leur base, divergentes au sommet ; *à lame supérieure* nulle en dehors, dilatée en dedans en cône tronqué, assez saillant et assez étroit ; *à lame inférieure* transverse, large, explanée, subparallèle.

Pieds allongés, assez grêles. *Trochanters antérieurs et intermédiaires* petits, subcunéiformes ; *les postérieurs* grands, oblongs, subacuminés. *Cuisses* débordant notablement les côtés du corps, subcomprimées, sublinéaires ou un peu subatténuées vers leur extrémité. *Tibias* assez grêles, un peu plus courts que les cuisses, droits ou presque droits, sensiblement rétrécis vers leur base, mutiques, munis au bout de leur tranche inférieure de 2 petits éperons à peine distincts : *les antérieurs* à angle apical externe subéchancré, avec l'échancrure limitée supérieurement par un éperon plus ou moins distinct et souvent assez fort. *Tarses* très-courts, assez épais, beaucoup moins longs que les tibias, de 4 articles ; *les antérieurs et intermédiaires* avec les 3 premiers articles très-courts, transverses, subégaux et le dernier un peu moins court mais sensiblement plus épais que les précédents; *les postérieurs* un peu moins courts, à 1er article suballongé, plus long que le suivant : celui-ci et le 3e courts, subégaux : le dernier subégal au premier mais plus épais. *Ongles* assez grêles, brusquement recourbés ou coudés dans leur milieu, infléchis.

Obs.. Ce genre, remarquable entre tous les *Aléochariens* par son faciès particulier et par son prothorax mutique ou non rebordé sur les côtés, est également intéressant par ses habitudes et ses mœurs. Les espèces qui le composent, comme les *Phytosus* et *Actosus*, vivent sur le bord de la mer.

La structure du prothorax, l'éperon de la tranche externe des tibias antérieurs, la conformation des tarses et de leurs ongles, font du genre *Diglossa*, indépendamment du développement des palpes maxillaires et autres détails de la bouche, une des coupes génériques les mieux fondées et les mieux caractérisées.

Les espèces du genre *Diglossa* sont peu nombreuses et peuvent se répartir de la manière suivante :

a. *Ailées. Elytres* au moins aussi longues que le prothorax: *celui-ci* visiblement sinué postérieurement sur les côtés.

b. *Prothorax* d'un tiers moins large en arrière que les élytres, transversalement subimpressionné derrière son bord antérieur, tronqué à sa base. *Elytres* à peine plus longues que le prothorax. *Abdomen* faiblement élargi en arrière, éparsement pointillé vers sa base, presque lisse postérieurement....... .... *submarina.*

bb. *Prothorax* presque d'une moitié moins large en arrière que les élytres, subconvexe, obsolètement sillonné postérieurement sur sa ligne médiane, subsinué à sa base, offrant derrière le milieu du dos 2 petit points enfoncés. *Elytres* aussi longues ou à peine aussi longues que le prothorax. *Abdomen* assez fortement élargi en arrière, finement et uniformément pointillé...... *sinuaticollis.*

aa. *Aptères. Elytres* sensiblement moins longues que le prothorax.

c. *Prothorax* non sillonné sur sa ligne médiane, à peine sinué en arrière sur les côtés. *Elytres* à peine d'un tiers moins longues que le prothorax, subparallèles. *Abdomen* obsolètement et très-éparsement pointillé, faiblement élargi postérieurement. *Tête* épaisse............ ... ... *mersa.*

cc. *Prothorax* subsillonné sur sa ligne médiane, nullement sinué en arrière sur les côtés. *Elytres* presque d'une moitié moins longues que le prothorax, plus larges postérieurement. *Abdomen* épais, finement et assez densement pointillé, fortement élargi en arrière. *Tête* très-épaisse........... *crassa.*

1. Diglossa submarina, Fairmaire et Laboulbène.

Allongée, subparallèle, subdéprimée, ailée, très-finement et densement pubescente, d'un noir de poix peu brillant, avec la bouche, les antennes et les pieds roussâtres. Tête aussi large que le prothorax, finement et densement pointillée. Antennes faiblement épaissies vers leur extrémité, à 3e *article oblong, beaucoup plus court que le* 2e. *Prothorax à peine plus long que large, subsinueusement rétréci en arrière où il est d'un tiers moins large que les élytres, transversalement subimpressionné en avant, parfois subfovéolé vers sa base, tronqué à son bord postérieur, densement et obso-*

lètement pointillé. Elytres presque carrées, à peine plus longues que le prothorax, déprimées, très-finement et densement pointillées. Abdomen faiblement élargi en arrière, éparsement pointillé sur les 3 premiers segments, presque lisse sur les 2 suivants, assez densement sur le 6e..

Diglossa submarina, FAIRMAIRE et LABOULBÈNE, Faun. Ent. Fr. I. 468. 1.

Long. 0,0016 (3/4 l.). — Larg 0,0004 (1/5 l.)

Corps allongé, subparallèle, subdéprimé, ailé, d'un noir peu brillant ; revêtu d'une très-fine pubescence cendrée, courte, couchée et plus ou moins serrée.

Tête épaisse, subarrondie, aussi large que le prothorax, très-finement pubescente, finement et densement pointillée, d'un noir un peu brillant. *Front* très-large, subconvexe, offrant parfois sur son milieu un petit espace lisse et une petite fossette presque imperceptible. *Epistome* longitudinalement convexe, lisse. *Labre* à peine convexe, presque lisse, roussâtre, offrant en avant quelques cils pâles et brillants. *Parties de la bouche* roussâtres ou d'un roux-testacé.

Yeux subarrondis, noirâtres.

Antennes environ aussi longues que la tête et le prothorax réunis, faiblement et graduellement épaissies vers leur extrémité ; très-finement duveteuses et à peine visiblement pilosellées ; d'un roux de poix parfois assez foncé ; à 1er article assez allongé, subépaissi en massue : le 2e suballongé, obconique, un peu moins long mais à peine moins épais que le 1er : le 3e oblong, obconique, beaucoup plus court et plus grêle que le 2e : les 4e à 10e graduellement un peu plus épais, submoniliformes : le 4e légèrement, les 5e à 10e sensiblement transverses, avec les pénultièmes plus fortement : le dernier beaucoup moindre que les deux précédents réunis, obovalaire, très-obtusément acuminé au sommet.

Prothorax à peine plus long que large en avant ; largement tronqué au sommet avec les angles antérieurs nuls ou presque nuls (1) ; subar-

(1) Les côtés étant mutiques, les angles antérieurs, vus latéralement, s'abaissent en dessous pour se confondre avec le repli inférieur, mais, vus de dessus, ils paraissent presque droits.

qué dans son tiers antérieur à partir duquel il se rétrécit assez fortement et subsinueusement en arrière, où il est d'un tiers moins large que les élytres, avec les angles postérieurs subobtus et subarrondis vus de dessus ; tronqué ou subtronqué à la base ; faiblement convexe sur son disque ; offrant dans sa partie antérieure une large impression transversale, légère, et parfois au devant de l'écusson une autre impression beaucoup plus réduite et obsolète, rarement prolongée sur la ligne médiane en forme de sillon peu apparent ; très-finement et densement pubescent ; offrant en outre sur les côtés 2 légères soies longues et redressées, une vers les angles antérieurs, l'autre vers le milieu ; très-finement, densement et obsolètement pointillé ; entièrement d'un noir peu brillant. *Repli inférieur* pointillé à peu près de la même manière que la partie dorsale.

Ecusson à peine pubescent, très-finement pointillé, d'un noir peu brillant.

Elytres formant ensemble un carré assez régulier ou à peine plus long que large ; à peine ou un peu plus longues que le prothorax ; presque subparallèles et presque subrectilignes sur leurs côtés ; à peine sinuées au sommet vers leur angle postéro-externe avec le sutural subémoussé ; plus ou moins déprimées sur leur disque, souvent subimpressionnées le long de la suture derrière l'écusson ; très-finement et densement pubescentes, avec une légère soie redressée sur le côté des épaules ; très-finement et densement pointillées, avec la ponctuation un peu plus distincte que celle du prothorax ; entièrement d'un noir peu brillant ou presque mat. *Epaules* étroitement arrondies. *Ailes* plus ou moins développées.

Abdomen allongé, un peu moins large à sa base que les élytres, presque 3 fois plus prolongé que celles-ci ; faiblement et graduellement élargi en arrière et d'une manière subarquée dans le dernier tiers ; subdéprimé tout à fait vers sa base, légèrement convexe sur le reste du dos ; très-finement pubescent en dessus, plus distinctement sur les tranches latérales, avec la pubescence du dos plus fine, plus longue et plus écartée ; offrant en outre, sur les côtés et vers le sommet, quelques légères et fines soies redressées ; finement, légèrement et éparsement pointillé sur les 3 premiers segments, très-peu ou presque lisse sur les

2 suivants, assez densement et subaspèrement sur le 6e ; entièrement d'un noir assez brillant. *Les 3 premiers segments* visiblement, le 4e plus faiblement impressionnés en travers à leur base, avec le fond des impressions plus lisse : le 5e un peu plus développé que les précédents, largement tronqué et muni à son bord apical d'une fine membrane blanchâtre : le 6e peu saillant, obtusément et parfois assez largement tronqué à son bord postérieur.

Dessous du corps finement et modérément pubescent, obsolètement et assez densement pointillé, d'un noir de poix brillant. *Métasternum* assez convexe. *Ventre* convexe, à pubescence assez longue, avec le bord apical de chaque arceau cilié de poils encore plus longs, plus blanchâtres et plus distincts : le 5e subégal aux précédents : le 6e un peu saillant, plus (♂) ou moins (♀) angulé à son sommet.

Pieds allongés, finement pubescents, finement pointillés, d'un roux de poix assez brillant et parfois assez foncé, avec les genoux et les tarses plus clairs ou testacés. *Cuisses* sublinéaires, un peu atténuées vers leur extrémité. *Tibias* assez grêles, légèrement ciliés sur leur tranche externe, parés en outre, vers le milieu de celle-ci, d'une fine et longue soie redressée, parfois caduque ; tous un peu moins longs que les cuisses. *Tarses* courts, assez épais, sublinéaires ou même parfois un peu élargis vers leur extrémité, beaucoup moins longs que les tibias, éparsement ciliés en dessous ; *les postérieurs* un peu moins courts que les autres, à 1er article suballongé, plus long que le suivant : les 2e et 3e courts, subégaux : le dernier subégal au 1er, un peu plus épais que les précédents.

Patrie. Cette espèce se rencontre assez communément sur le littoral de la Manche, sous les fucus, dans les plages recouvertes par la marée haute.

Obs. MM. Fairmaire et Laboulbène ont parfaitement fait ressortir, en quelques mots, les différences principales qui séparent leur espèce de la *Diglossa mersa*, décrite plus loin.

Les élytres paraissent tantôt un peu plus longues, tantôt à peine plus longues que le prothorax. Chez les sujets de cette dernière catégorie, la pubescence est un peu plus serrée, un peu plus apparente et presque blanche, ce qui donne à tout le dessus du corps un aspect un peu cendré (*Diglossa subgrisea*, nobis). En même temps, l'abdomen est moins convexe ou même subdéprimé sur le dos dans tout son développement, avec le segment de l'armure distinct, finement et aspèrement pointillé. Nous regardons, jusqu'à nouvel ordre, toutes ces nuances comme des distinctions sexuelles. Quelquefois les 2e et 3e articles des antennes sont finement et assez densement ciliés : peut-être est-ce là une différence particulière au sexe masculin, ainsi que cela se remarque dans d'autres genres ?

2. Diglossa sinuaticollis; Mulsant et Rey.

Allongée, peu convexe, ailée, très-finement et assez densement pubescente, d'un noir un peu brillant avec la bouche et les antennes rousses et les pieds d'un roux de poix foncé. Tête de la largeur du prothorax, assez finement, distinctement et densement pointillée avec un espace longitudinal lisse. Antennes à peine épaissies vers leur extrémité, à 3e article oblong, beaucoup plus court que le 2e. Prothorax à peine plus long que large, subsinueusement rétréci en arrière où il est presque d'une moitié plus étroit que les élytres, subconvexe, obsolètement sillonné postérieurement sur sa ligne médiane, subsinué dans le milieu de sa base, très-finement et densement pointillé avec deux points enfoncés plus apparents derrière le milieu du dos. Elytres subtranverses, à peine aussi longues que le prothorax, subdéprimées, finement et densément pointillées. Abdomen assez fortement élargi en arrière, finement, assez densement et uniformément pointillé.

Diglossa sinuatocollis, Mulsant et Rey. — Op. Ent. 1870, XIV, 176.

Long. 0,0020 (1 l. à peine). — Larg. 0,0005 (1/4 l.)

Corps allongé, peu convexe, ailé, d'un noir un peu brillant; revêtu d'une très-fine pubescence cendrée, courte, couchée et assez serrée.

Tête épaisse, subarrondie, de la largeur du prothorax; à peine pubescente; distinctement et densement pointillée avec la ponctuation évidemment moins fine que celle du prothorax; d'un noir un peu brillant. *Front* très-large, subconvexe, offrant sur son milieu un espace longitudinal lisse, bien distinct. *Epistome* convexe, presque lisse. *Labre* à peine convexe, d'un brun de poix, offrant vers son sommet quelques longs cils blonds et brillants. *Parties de la bouche* d'un roux ferrugineux.

Yeux subarrondis, noirs, à reflets micacés sur les bords.

Antennes de la longueur de la tête et du prothorax réunis; à peine et graduellement épaissies vers leur extrémité; très-finement duveteuses et en outre à peine visiblement pilosellées; d'un roux de poix assez clair ou même subtestacé; à 1er article allongé, légèrement épaissi en massue vers son extrémité : le 2e assez allongé, obconique, un peu moins long mais presque aussi épais vers son sommet que le 1er : le 3e oblong, obconique, beaucoup plus court et plus grêle que le 2e : les 4e à 10e graduellement un peu plus épais, submoniliformes ou subglobuleux, avec les pénultièmes légèrement ou même sensiblement transverses : le dernier moins long que les deux précédents réunis, obovalaire, obtusément acuminé au sommet.

Prothorax à peine plus long que large en avant; largement tronqué au sommet avec les angles antérieurs paraissant presque droits, vus de dessus, mais nuls, vus de côté; subarqué latéralement dans sa première moitié, à partir de laquelle il se rétrécit sensiblement et subsinueusement en arrière où il est presque d'une moitié moins large que les élytres, avec les angles postérieurs à peine obtus et subarrondis, vus de dessus; visiblement subsinué dans le milieu de sa base; assez régulièrement et légèrement convexe sur son disque; offrant au devant de l'écusson un sillon longitudinal, obsolète, prolongé au moins jusque sur le milieu du dos; très-finement et assez densement pubescent; offrant en outre sur les côtés une ou deux soies fines, assez longues et redressées, une vers les angles antérieurs et l'autre vers le milieu; très-finement et densement pointillé, avec deux points enfoncés, plus apparents, derrière le milieu du dos, peu distants et transversalement disposés; entièrement d'un noir un peu brillant. *Repli inférieur* distinctement pointillé, assez convexe.

Ecusson à peine pubescent, très-finement pointillé à sa base, noir, lisse et brillant sur ses côtés.

Elytres formant ensemble un carré légèrement transverse; aussi longues ou à peine aussi longues que le prothorax; presque subparallèles et presque subrectilignes sur leurs côtés; non visiblement sinuées au sommet vers leur angle postéro-externe avec le sutural presque droit et à peine émoussé; subdéprimées ou même déprimées sur leur disque, sensiblement impressionnées derrière l'écusson sur la suture jusqu'environ le milieu de sa longueur; très-finement et assez densement pubescentes avec une légère soie redressée sur le côté des épaules; finement et densement pointillées avec la ponctuation presque aussi fine et presque aussi serrée que celle du prothorax; entièrement d'un noir un peu brillant. *Epaules* arrondies. *Ailes* plus ou moins développées.

Abdomen allongé, un peu moins large à sa base que les élytres, de deux fois et demie à trois fois plus prolongé que celles-ci; assez fortement et graduellement élargi en arrière; subdéprimé vers sa base, sensiblement convexe dans sa partie postérieure; très-finement et à peine pubescent avec des cils plus longs et plus apparents au bord apical des premiers segments; offrant en outre, vers le sommet et en arrière sur le côtés, quelques légères et fines soies redressées; finement, légèrement, assez densement et uniformément pointillé; entièrement d'un noir brillant. *Le premier segment* sensiblement, les 2e et 3e plus faiblement, le 4e à peine impressionnés en travers à leur base, avec le fond des impressions presque lisse : le 5e un peu plus développé que les précédents, largement ou à peine échancré et muni à son bord apical d'une fine membrane blanchâtre : le 6e peu saillant, assez largement tronqué au sommet : *celui de l'armure* distinct, finement pubescent, éparsement sétosellé, finement et densement pointillé.

Dessous du corps finement et modérément pubescent, finement et densement pointillé, d'un noir brillant. *Métasternum* assez convexe, offrant sur son milieu quatre points enfoncés, plus apparents et plus forts, distants et disposés en quadrille transverse. *Ventre* convexe, avec des cils plus longs et plus distincts au bord apical de chaque arceau : le 5e plus grand que les précédents : le 6e un peu moins saillant, visiblement prolongé en angle obtus à son bord postérieur.

Pieds allongés, finement et éparsement pubescents, légèrement pointillés, d'un roux de poix assez brillant et plus ou moins foncé avec les genoux et les tarses plus clairs. *Cuisses* sublinéaires, un peu atténuées vers leur extrémité. *Tibias* assez grêles, un peu moins longs que les cuisses, finement et assez longuement ciliés sur leurs tranches, parés vers le milieu de leur tranche externe d'une longue et fine soie redressée : *les postérieurs* un peu recourbés en dedans avant leur sommet, vus de dessus leur tranche supérieure. *Tarses* courts, assez épais, beaucoup moins longs que les tibias, un peu élargis vers leur extrémité, assez longuement ciliés en dessous, éparsement en dessus : *les postérieurs* un peu moins courts que les autres, à 1er article oblong, plus long que le suivant : les 2e et 3e courts, subégaux : le dernier épais, au moins aussi long que les deux précédents réunis.

Patrie. Cette espèce se trouve sur le littoral de la Manche où elle est plus rare que la *Diglossa submarina*.

Obs. Elle ressemble beaucoup à cette dernière, mais elle est un peu moins densement pubescente, un peu plus grande et d'un noir un peu plus brillant. Les élytres sont un peu plus courtes et plus larges relativement à la base du prothorax, et celui-ci, plus régulièrement convexe dans sa partie antérieure, se rétrécit plus subitement en arrière. Il offre sur le dos, après le milieu, deux petits points enfoncés plus apparents que les autres, peu distants et transversalement disposés. Il présente en outre, dans la dernière moitié de sa ligne médiane, un sillon obsolète mais distinct, et dans le milieu de sa base un sinus léger, pourtant bien visible. Mais le caractère le plus saillant de cette espèce, c'est d'avoir l'abdomen beaucoup plus fortement élargi en arrière, plus densement et uniformément pointillé. On peut encore ajouter à tous ces signes une tête plus distinctement pointillée avec un espace longitudinal lisse bien apparent, etc.

3. Diglossa mersa, Haliday.

Allongée, sublinéaire, subdéprimée, aptère, très-finement et modérément pubescente, d'un noir peu brillant, avec la bouche, les antennes et les pieds d'un roux de poix. Tête de la largeur du prothorax, finement et densement pointillée. Antennes faiblement épaissies vers leur extrémité, à 3e article à peine oblong, beaucoup plus court que le 2e. Prothorax aussi long que large, subsinueusement rétréci en arrière où il est d'un tiers moins large que les élytres, à peine convexe, tronqué à sa base, très-finement et densement pointillé. Elytres fortement transverses, sensiblement moins longues que le prothorax, subdéprimées, finement et densement pointillées. Abdomen faiblement élargi en arrière, obsolètement et très-éparsement pointillé.

Diglossa mersa, HALIDAY, Ent. Mag. IV, 252. — ERICHSON, Gen. et spec. Staph. 209, 1. — KRAATZ, Ins. Deut. II, 366, note. — JACQUELIN DU VAL, Gen. et spec. Ins. Eur. Staph., pl. 5, fig. 23.

Long. 0,0016 (3/4 l.) — Larg. 0,0004 (1/5 l.)

Corps allongé, sublinéaire, subdéprimé, ailé; d'un noir peu brillant; revêtu d'une très-fine pubescence cendrée, courte, couchée et modérément serrée.

Tête épaisse, subarrondie, de la largeur du prothorax, très-finement pubescente, finement et densement pointillée, plus parcimonieusement en avant, avec la ponctuation à peine moins fine que celle du prothorax; d'un noir peu brillant. *Front* très-large, subconvexe, offrant parfois dans sa partie antérieure un léger et étroit espace longitudinal lisse. *Epistome* longitudinalement convexe, presque lisse. *Labre* subconvexe, d'un roux de poix, finement et éparsement cilié vers son sommet. *Parties de la bouche* d'un roux de poix ferrugineux.

Yeux subarrondis, noirâtres, parfois à reflets micacés.

Antennes un peu moins longues que la tête et le prothorax réunis; faiblement et graduellement épaissies vers leur extrémité; très-finement duveteuses et en outre finement et très-brièvement pilosellées; entièrement d'un roux de poix; à 1er article assez allongé, légèrement épaissi en massue : le 2e suballongé, obconique, presque aussi long et presque aussi épais vers son sommet que le précédent : le 3e assez courtement ovalaire, beaucoup plus court et évidemment plus grêle que le 2e : les 4e à 10e graduellement un peu plus épais, submoniliformes, sensiblement transverses, avec les pénultièmes un peu plus fortement : le dernier un peu moins long que les 2 précédents réunis, courtement ovalaire, obtusément acuminé au sommet.

Prothorax aussi long ou à peine plus long que large en avant ; largement tronqué au sommet avec les angles antérieurs paraissant presque droits, vus de dessus, et nuls, vus de côté ; subarqué latéralement dans son tiers antérieur et puis assez fortement mais à peine sinueusement rétréci en arrière où il est environ d'un tiers moins large que les élytres, avec les angles postérieurs à peine obtus et à peine arrondis, vus de dessus ; tronqué à sa base ; faiblement convexe sur son disque ; offrant parfois sur le milieu de sa ligne médiane un petit sillon longitudinal à peine distinct ; très-finement et modérément pubescent, paré en outre sur les côtés de 2 légères soies redressées et assez longues, une vers le milieu, l'autre près des angles antérieurs ; très-finement et densement pointillé ; entièrement d'un noir peu brillant. *Repli inférieur* très-finement pointillé.

Ecusson très-finement pubescent et très-finement pointillé, d'un noir peu brillant.

Elytres formant ensemble un carré fortement transverse, sensiblement moins longues que le prothorax ; presque subparallèles et presque subrectilignes sur leurs côtés ; non visiblement sinuées au sommet vers leur angle postéro-externe, avec le sutural presque droit et à peine émoussé ; plus ou moins subdéprimées sur leur disque, parfois subimpressionnées sur la suture derrière l'écusson ; très-finement et modérément pubescentes, avec 1 légère soie redressée et assez longue sur le côté des épaules ; finement et densement pointillées, avec la ponctuation un peu ou à peine moins fine que celle du prothorax ; entièrement d'un noir peu brillant. *Epaules* étroitement arrondies. *Ailes* nulles ou rudimentaires.

Abdomen allongé, à peine moins large à sa base que les élytres, environ 3 fois et demie plus prolongé que celles-ci ; faiblement et graduellement élargi en arrière ; subdéprimé vers sa base, subconvexe postérieurement ; très-finement et à peine pubescent, plus distinctement sur les tranches latérales ; offrant, en outre, sur les côtés et vers le sommet, quelques très-fines soies redressées et assez longues ; finement et obsolétement et très-parcimonieusement pointillé ; entièrement d'un noir assez brillant. *Les* 3 *premiers segments* visiblement, *le* 4ᵉ faiblement impressionnés en travers à leur base, avec le fond des impressions lisse : le 5ᵉ un peu plus développé que les précédents, largement tronqué et muni à son bord apical d'une fine membrane blanchâtre : le 6ᵉ peu saillant, obstusément tronqué ou à peine arrondi à son bord postérieur, éparsement et subaspèrement pointillé : *celui de l'armure* quelquefois apparent, finement pubescent.

Dessous du corps légèrement pubescent, finement pointillé, d'un noir brillant. *Métasternum* assez convexe. *Ventre* convexe, à pubescence assez longue, à 5ᵉ arceau subégal aux précédents : le 6ᵉ assez saillant, sensiblement prolongé au sommet en angle plus ou moins prononcé.

Pieds allongés, légèrement pubescents, obsolètement pointillés, d'un roux de poix avec les hanches plus obscures. *Cuisses* sublinéaires, subatténuées vers leur extrémité. *Tibias* assez grêles, finement ciliés sur leurs tranches, parés sur l'externe de 1 ou de 2 très-fines et longues soies redressées ; tous un peu moins longs que les cuisses. *Tarses* épais, courts, beaucoup moins longs que les tibias, à peine élargis vers leur extrémité, finement ciliés en dessous, éparsement en dessus ; *les postérieurs* un peu moins courts que les autres, à 1ᵉʳ article oblong, plus long que le suivant : les 2ᵉ et 3ᵉ courts, subégaux : le dernier épais, au moins aussi long que les 2 précédents réunis.

Patrie. On capture assez rarement cette espèce sur les côtes de la Normandie et de la Picardie, sous les algues et autres plantes marines.

Obs. L'absence des ailes, des élytres plus courtes, un prothorax moins visiblement sinué en arrière sur les côtés, des antennes un peu moins longues, une pubescence un peu moins serrée, tels sont les principaux caractères qui distinguent cette espèce des précédentes.

Diglossa crassa, Mulsant et Rey.

Allongée, épaisse, peu convexe, aptère, finement et densement pubescente ou subtomenteuse, d'un brun de poix brillant avec l'abdomen noir, la bouche, les antennes et les pieds d'un roux testacé. Tête très-épaisse, un peu plus large que le prothorax, finement et très-densement pointillée. Antennes faiblement épaissies vers leur extrémité, à 3e article suballongé, sensiblement moins long que le 2e. Prothorax aussi long que large, assez fortement et subrectilinéairement rétréci en arrière où il est d'un tiers moins large que les élytres, subconvexe, subsillonné sur sa ligne médiane, subtronqué à sa base, finement et très-densement pointillé. Elytres très-fortement transverses, beaucoup moins longues que le prothorax, déprimées, finement et très-densement pointillées. Abdomen épais, fortement élargi en arrière, finement et assez densement pointillé.

Diglossa crassa, MULSANT ET REY, Op. Ent. 1870, XIV, 180.

Long. 0,0020 (1 l. à peine.). — Larg. 0,0005 (1/4 l.)

Corps épais, allongé, peu convexe, aptère, d'un brun de poix presque mat avec l'abdomen noir et plus brillant ; revêtu d'une fine pubescence cendrée, courte, plus ou moins couchée, plus ou moins serrée et subtomenteuse.

Tête très-épaisse, transversalement subarrondie, un peu plus large que le prothorax, finement pubescente, finement et très-densement pointillée, d'un brun de poix peu brillant. *Front* très-large, subconvexe, offrant tout à fait en avant un léger trait longitudinal presque lisse et raccourci. *Epistome* très-court, assez convexe, obsolètement ponctué. *Labre* à peine convexe, à peine ruguleux, d'un roux de poix, éparsement cilié en avant. *Parties de la bouche* testacées ou d'un roux testacé avec *les mandibules* ferrugineuses.

Yeux subarrondis, noirâtres, plus ou moins micacés sur leurs bords.

Antennes à peine aussi longues que la tête et le prothorax réunis ; légèrement et graduellement épaissies vers leur extrémité ; sensiblement ciliées inférieurement, surtout sur les 2e et 3e articles ; très-finement duveteuses et en outre à peine ou très-brièvement pilosellées ; entièrement d'un roux testacé assez clair ; à 1er article allongé, légèrement épaissi en massue vers son extrémité, paré après le milieu de son arête supérieure d'un long cil redressé : le 2e allongé, obconique, aussi long et presque aussi épais que le 1er : le 3e oblong ou même suballongé, sensiblement moins long et évidemment plus grêle que le 2e : les 4e à 10e graduellement un peu plus épais, submoniliformes; le 4e subglobuleux, les 5e à 10e légèrement transverses avec les pénultièmes un peu plus fortement : le dernier sensiblement moins long que les 2 précédents réunis, courtement ovalaire, obtusément acuminé au sommet.

Prothorax à peu près aussi long que large en avant; obtusément tronqué ou même à peine arrondi au sommet avec les angles antérieurs paraissant presque droits, vus de dessus, et nuls vus de côté; subarqué latéralement dans son tiers antérieur et puis graduellement subrectilinéairement et assez fortement rétréci en arrière où il est environ d'un tiers moins large que les élytres, avec les angles postérieurs un peu obtus et à peine émoussés, vus de dessus; tronqué ou à peine sinué à sa base; subconvexe sur son disque; offrant sur sa ligne médiane un sillon léger mais bien distinct, affaibli antérieurement, plus prononcé en arrière; finement et densement pubescent avec la pubescence subtomenteuse; offrant en outre, surtout sur les côtés, 2 ou 3 longues et fines soies redressées; finement et très-densement pointillé; entièrement d'un brun de poix peu brillant ou presque mat. *Repli inférieur* subconvexe, finement et densement pointillé.

Ecusson à peine pubescent, très-finement pointillé, d'un brun de poix peu brillant et à peine roussâtre.

Elytres très-courtes, formant ensemble un carré très-fortement transverse; presque d'une moitié moins longues que le prothorax; sensiblement plus larges en arrière qu'en avant et subrectilignes sur leurs côtés ; non visiblement sinuées au sommet vers leur angle postéro-externe avec le sutural rentrant un peu et émoussé; déprimées sur leur disque; densement pubescentes avec la pubescence semicouchée et subtomenteuse; offrant en outre sur le côté des épaules un long cil mou, plus ou moins redressé et plus ou moins arqué; finement et très-densement pointillées avec la ponctuation à peu près aussi fine et aussi serrée que celle du prothorax ; entièrement d'un brun de poix peu brillant et un peu roussâtre. *Epaules* assez saillantes, subarrondies.

Abdomen assez allongé, un peu moins large à sa base que les élytres, environ 4 fois plus prolongé que celles-ci ; fortement et graduellement élargi et épaissi en arrière; subdéprimé vers sa base, assez fortement convexe postérieurement; très-finement et subéparsement pubescent sur le dos, plus densement, plus distinctement et subtomenteusement sur les tranches latérales; offrant en outre, surtout dans sa partie postérieure, quelques longues soies très-fines et redressées; finement, assez densement et uniformément pointillé; d'un noir assez brillant avec le sommet couleur de poix. *Les* 3 *premiers segments* visiblement, le 4e à peine impressionnés en travers à leur base avec le fond des impressions très-obsolètement pointillé ou presque lisse : le 5e un peu ou à peine plus développé que les précédents, largement tronqué ou à peine échancré et sans membrane sensible à son bord apical : *le* 6e assez saillant, subarrondi au sommet: *celui de l'armure* distinct, densement pubescent.

Dessous du corps finement pubescent, finement et densement pointillé, d'un noir assez brillant avec le sommet du ventre couleur de poix. *Métasternum* assez convexe. *Ventre* très-convexe, à 5e arceau subégal au précédent ou à peine plus grand : le 6e saillant, arrondi à son bord postérieur, dépassant un peu le segment abdominal correspondant.

Pieds allongés, finement pubescents, finement pointillés, d'un testacé ou d'un roux testacé assez brillant. *Cuisses* un peu atténuées vers leur extrémité. *Tibias* assez grêles, un peu moins longs que les cuisses, distinctement ciliés sur leurs tranches, parés sur l'externe de 2 longues soies fines et redressées. *Tarses* épais, courts, beaucoup moins longs que les tibias, sublinéaires, finement ciliés en dessous, éparsement en dessus: *les postérieurs* un peu moins courts que les autres, à 1er article oblong, plus long que le suivant : le 2e et 3e courts, subégaux : le dernier épais, au moins aussi long que les 2 précédents réunis.

Patrie. Cette espèce a été prise, au mois de juin, dans les environs d'Hyères (Provence), sur le sable humide du bord de la mer.

Obs. Elle est remarquable d'entre ses congénères, par sa forme plus épaisse, par sa couleur moins noire, par sa pubescence plus apparente, moins couchée et subtomenteuse. Surtout, ses élytres sont beaucoup plus courtes que dans aucune autre et elles sont sensiblement élargies d'avant en arrière.

QUATRIÈME BRANCHE

HYGRONOMAIRES

Caractères. *Corps* allongé, très-étroit, linéaire, déprimé. *Tête* saillante, assez dégagée. *Tempes* sans rebord latéral. *Les* 2e *et* 3e *articles des palpes maxillaires* peu allongés. *Palpes labiaux* petits, de 3 articles. *Antennes* peu allongées, légèrement épaissies vers leur extrémité, de 11 articles. *Prothorax* presque carré, un peu rétréci en arrière, à peine arrondi à sa base. *Elytres* subcarrées, simples et mutiques sur leurs côtés. *Prosternum* peu développé au devant des hanches antérieures. *Mésosternum* assez développé, à lame médiane prolongée en angle court mais subacuminé jusques à peine à la moitié des hanches intermédiaires : *celles-ci* très-rapprochées mais non contiguës. *Abdomen* parallèle, sans styles ou lanières apparentes à son sommet. *Tibias* aussi longs ou presque aussi longs que les cuisses : *les antérieurs* sans dent ou éperon avant le sommet de leur tranche supérieure. *Tarses* courts, de 4 articles.

Obs. Les insectes de cette branche ont une forme d'*Homalota*. Ils se distinguent des *Diglossaires* par leur tête plus saillante, avec les tempes sans rebord latéral distinct; par leurs palpes maxillaires beaucoup moins développés, avec les 2e et 3e articles peu allongés; par leurs palpes labiaux plus petits, moins saillants, de trois articles; par leur abdomen plus parallèle et moins épais; par leurs tibias antérieurs mutiques ou sans éperon avant le sommet de leur tranche supérieure. Le corps est plus déprimé, plus étroit, plus linéaire, etc.

Genre *Hygronoma*, Hygronome; Erichson.

Erichson, Col. march. I, p. 312, — Gen. et Spec. Staph, p. 79.

Etymologie : ὑγρὸς, humide; νέμω, j'habite.

Caractères. *Corps* allongé, très-étroit, linéaire, déprimé, ailé.
Tête grande, transverse, subrhomboïdale, un peu plus large que le

prothorax, assez fortement resserrée à sa base, subangulairement et obtusément rétrécie en avant, saillante, à peine ou non inclinée. *Tempes* sans rebord latéral. *Epistome* largement tronqué au sommet. *Labre* fortement transverse, tronqué ou à peine arrondi à son bord antérieur. *Mandibules* légèrement saillantes, subinégales, arquées, simples à leur pointe, mais subangulées ou obtusément dentées vers le milieu de leur tranche interne. *Palpes maxillaires* peu allongés, de 4 articles : le 3e sensiblement plus long que le 2e, assez épais : le dernier petit, grêle, subulé. *Palpes labiaux* petits, de 3 articles graduellement plus étroits : le 1er épaissi, le 2e plus court : le dernier assez grêle, subcylindrique, un peu plus long que le précédent. *Menton* transverse, tronqué en avant. *Tige des mâchoires* obtusément angulée à la base.

Yeux assez grands, subarrondis ou courtement ovalaires, peu saillants, situés loin du prothorax.

Antennes peu allongées, légèrement épaissies vers leur extrémité; inserées vers le bord antéro-interne des yeux, dans une fossette subarrondie et assez restreinte; de 11 articles : le 1er allongé, un peu épaissi : les 2e et 3e suballongés, subégaux : le 4e non, les 5e à 10e subtransverses, non fortement contigus : le dernier assez grand, en ovale subacuminé.

Prothorax presque carré, un peu rétréci en arrière où il est un peu plus étroit que les élytres; largement tronqué en avant, avec les angles antérieurs subréfléchis et à peine arrondis, et les postérieurs obtus; subtronqué ou à peine arrondi à sa base; très-finement rebordé sur celle-ci et sur les côtés, avec ceux-ci, vus latéralement, sinués vers leur milieu, au devant duquel ils redescendent assez fortement. *Repli inférieur* large, assez visible vu de côté, à bord interne arqué.

Ecusson médiocre, triangulaire.

Elytres presque carrées, subcarrément coupées à leur bord postérieur, non sinuées au sommet vers leur angle postéro-externe, simples et subrectilignes sur leurs côtés. *Repli latéral* assez étroit, peu réfléchi, à bord interne presque droit sur la majeure partie de sa longueur.

Prosternum peu développé au devant des hanches antérieures, offrant entre celles-ci un angle assez prononcé, à surface convexe, mais à sommet assez ouvert. *Mésosternum* assez développé, à lame médiane en forme d'angle court, sinué sur ses côtés, un peu aigu ou même subacuminé, prolongé à peine jusqu'à la moitié des hanches intermédiaires. *Médiépisternums* fortement développés, confondus avec le mésosternum; *médiépimères* assez petites. *Métasternum* grand, subobliquement coupé sur les côtés de son bord postérieur, à peine subéchancré au devant de l'insertion des hanches postérieures, non ou à peine angulé entre celles-ci; avancé entre les intermédiaires en angle bien distinct, à sommet subacuminé, dont la pointe, subcomprimée, se rapproche de celle du mésosternum. *Postépisternums* étroits, rétrécis postérieurement en languette, à bord interne divergeant à peine en arrière du repli des élytres : *postépimères* plus ou moins réduites, subtriangulaires.

Abdomen allongé, sublinéaire, parallèle, à peine plus étroit que les élytres, peu convexe en dessus, fortement rebordé sur les côtés; pouvant un peu se relever en l'air; avec les quatre premiers segments subégaux, sensiblement impressionnés en travers à leur base, et le 5e beaucoup plus développé: le 6e un peu saillant, rétractile: celui de l'armure souvent caché. *Ventre* peu convexe, à 1er arceau plus grand que les suivants: ceux-ci subégaux : le 6e plus ou moins saillant, rétractile.

Hanches antérieures assez grandes, coniques, obliques, saillantes, subrenversées en arrière, convexes en avant, planes en dessous, contiguës au sommet. *Les intermédiaires* à peine moins développées, conico-subovales, peu saillantes, obliquement disposées, très-rapprochées mais non contiguës. *Les postérieures* subcontiguës intérieurement à leur base, divergentes au sommet; à *lame supérieure* nulle en dehors, subitement dilatée en dedans en cône saillant, assez large à sa base: à *lame inférieure* large, transverse, explanée, subparallèle ou à peine plus étroite en dehors.

Pieds courts. *Trochanters antérieurs* et *intermédiaires* petits, en forme d'onglet; *les postérieurs* grands, ovales-oblongs, obtusément acuminés. *Cuisses* débordant passablement les côtés du corps, subcomprimées, faiblement élargies vers leur milieu. *Tibias* ssez grêles, aussi longs (au moins les postérieurs) que les cuisses; légèrement et graduellement rétrécis vers leur base, droits ou presque droits, mutiques, munis au bout de leur tranche inférieure de deux petits éperons subdivergents. *Tarses* courts, assez épais, déprimés, de quatre articles : *les antérieurs* et *intermédiaires* à 1er article un peu moins court que chacun des deux suivants : ceux-ci transverses, subégaux ; *les postérieurs* subrétrécis à leur base, à 1er article oblong, à peine moins long que les deux suivants réunis, ceux-ci subtransverses, triangulaires, subégaux : le dernier de tous les tarses subrhomboïdalement élargi, aussi épais que le 3e, plus court que les deux précédents réunis. *Ongles* petits, très-grêles, sensiblement arqués, simples, transversalement opposés, infléchis.

Obs. La seule espèce de ce genre se trouve près des racines des plantes qui baignent dans l'eau. Elle est remarquable par sa forme linéaire et déprimée, et par la structure des tarses.

1. Hygronoma dimidiata, Gravenhorst.

Allongée, linéaire, déprimée, d'un noir peu brillant, avec la base des antennes et les pieds d'un roux testacé, et au moins la moitié postérieure des élytres d'un flave testacé. Tête distinctement et très-densement ponctuée. Prothorax presque carré, presque aussi large en avant que les élytres, sensiblement rétréci en arrière, plus ou moins canaliculé sur son milieu, assez finement et très-densement ponctué. Elytres presque carrées, un peu plus longues que le prothorax, finement et très-densement pointillées. Abdomen subparallèle, finement et très-densement pointillé.

♂ *Le 6e segment abdominal* obtusément tronqué à son bord apical. *Le 6e arceau ventral* fortement arrondi à son sommet, dépassant sensiblement le segment abdominal correspondant. *Front* obsolètement et largement impressionné. *Prothorax* largement sillonné-canaliculé sur sa ligne médiane.

♀ *Le 6e segment abdominal* subarrondi à son bord apical. *Le 6e arceau ventral* médiocrement arrondi au sommet, ne dépassant pas le segment abdominal correspondant. *Front* presque plan ou à peine impressionné sur son milieu. *Prothorax* finement canaliculé sur sa ligne médiane.

Aleochara dimidiata, Gravenhorst, Mon. 149, 3.
Homalota dimidiata, Curtis, Brit. Ent. XI, 514.
Hygronoma dimidiata, Erichson, Col. march. I, 313, 1 ; — Gen. et spec. Staph. 80, 1. — Redtenbacher. Faun. Austr. 657. — Fairmaire et Laboulbène Faun. Ent. Fr. I, 391, 1. — Kraatz, Ins. Deut. II, 341, 1. — Jacquelin du Val, Gen. Col. Eur. Staph. pl. 2, fig. 10. — Thomson, Skand. Col. II, 271, 1, 1860.

Long. 0,0028 (1 l. 1/4). — Larg. 0,0005 (1/4 l.).

Corps allongé, très-étroit, linéaire, déprimé, d'un noir très brillant ou presque mat, avec la grande moitié postérieure des élytres d'un flave testacé; revêtu d'un très-léger duvet d'un blond flave, très-court, assez serré, peu apparent.

Tête un peu plus large que le prothorax, à peine pubescente; distinctement ou même assez fortement, rugueusement et très-densement ponctuée; d'un noir presque mat. *Front* très-large, plus ou moins largement impressionné sur son milieu. *Epistome* convexe, obsolètement pointillé. *Labre* subconvexe, presque lisse, d'un roux de poix, éparsement cilié en avant. *Parties de la bouche* d'un roux de poix avec la fine pointe des *mandibules* parfois plus obscure.

Yeux subarrondis, noirs.

Antennes plus courtes que la tête et le prothorax réunis; légèrement et graduellement épaissies vers leur extrémité; très-finement duveteuses et en outre légèrement et brièvement pilosellées surtout vers le sommet de chaque article; d'un roux testacé, avec l'extrémité graduellement rembrunie dès le 4e article : le 1er allongé. un peu épaissi en massue : les 2e et 3e suballongés, obconiques subégaux, évidemment moins longs séparément que le 1er : les 4e à 10e graduellement un peu plus épais : le 4e non, les 5e à 10e faiblement transverses, avec les pénultièmes un peu plus sensiblement : le dernier un peu moins long que les deux précédents réunis, obovalaire, subacuminé au sommet.

Prothorax en carré assez régulier ou à peine transverse, mais arrondi aux angles; largement tronqué au sommet, avec les angles antérieurs un peu réfléchis en dessous, presque droits et à peine arrondis ; presque aussi large en avant que les élytres, sensiblement rétréci en arrière où il est un peu moins large que celles-ci ; à peine arqué sur les côtés, avec ceux-ci, vus de dessus, largement arrondis en avant en même temps que les angles antérieurs qui s'abaissent ; subtronqué à sa base, avec les angles postérieurs infléchis, obtus et émoussés ; subdéprimé ou déprimé sur le dos ; plus ou moins largement sillonné ou canaliculé sur sa ligne médiane ; à peine ou très-légèrement pubescent ; assez finement, très-densement et rugueusement ponctué ; d'un noir peu brillant.

Ecusson à peine pubescent, finement ponctué, d'un noir peu brillant.

Elytres formant ensemble un carré assez régulier ou à peine plus long que large, un peu plus longues que le prothorax ; subparallèles et subrectilignes sur leurs côtés ; déprimées ; très-légèrement pubescentes ; finement et très-densement pointillées, avec la ponctuation à peine plus fine que celle du prothorax, qui est elle-même un peu plus fine que celle de la tête ; d'un flave testacé peu brillant, avec un peu moins de la moitié antérieure noire. *Épaules* assez largement arrondies.

Abdomen allongé, à peine plus étroit à sa base que les élytres ; de trois ou quatre fois plus prolongé que celles-ci ; subparallèle sur ses côtés ou parfois à peine élargi postérieurement ; à peine convexe vers sa base, plus fortement vers son extrémité ; très-finement et très-légèrement pubescent ; finement et très-densement pointillé ; d'un noir presque mat. *Les quatre premiers segments* sensiblement impressionnés en travers à leur base : le 5e beaucoup plus développé que les précédents, largement tronqué et muni à son bord apical d'une très-fine membrane pâle : le 6e un peu saillant, légèrement sétosellé sur le dos.

Dessous du corps très-légèrement pubescent, finement et densement ponctué ; d'un noir un peu brillant avec les hanches antérieures et intermédiaires d'un roux testacé. *Métasternum* subconvexe. *Ventre* peu convexe, râpeusement et un peu moins finement ponctué que la poitrine, à intersections souvent couleur de poix : offrant dans sa partie postérieure quelques soies obscures et redressées, rares et assez courtes, disposées en séries transversales de six soies, une série vers le sommet des 3e et 4e arceaux, une autre vers le tiers postérieur du 5e : celui-ci subégal au précédent : le 6e parfois couleur de poix, paré avant son sommet d'une série arquée de soies bien distinctes.

Pieds courts, finement pubescents, légèrement pointillés, d'un roux testacé assez brillant. *Cuisses* faiblement élargies dans leur milieu. *Tibias* assez grêles; *les postérieurs* aussi longs que les cuisses. *Tarses* courts, assez épais, déprimés, légèrement tomenteux en dessous; *les antérieurs* et *intermédiaires* sublinéaires; *les postérieurs* un peu moins courts, subrétrécis vers leur base, à 1er article oblong, à peine moins long que les deux suivants réunis : ceux-ci subtransverses, triangulaires, subégaux.

Patrie. On rencontre cette espèce dans presque toute la France. Elle se plaît au bord des fossés ou des marais, où elle se tient cachée vers la souche des plantes aquatiques, entre les couches serrées de leurs feuilles engaînantes.

Obs. Rarement la partie flave des élytres devient d'un testacé plus ou moins obscur.

CINQUIÈME BRANCHE.

OLIGOTAIRES.

Caractères. *Corps* allongé ou oblong, parfois subovalaire, plus ou moins convexe, ailé. *Tempes* sans rebord latéral sensible. *Les 2e et 3e articles des papes maxillaires* de longueur normale. *Palpes labiaux* très-petits, de 3 articles. *Antennes* courtes, de 10 articles; terminées par une massue oblongue. *Prothorax* très-court, rétréci en avant, aussi large ou presque aussi large en arrière que les élytres, faiblement bissinué à sa base. *Élytres* courtes ou assez courtes, simples et mutiques sur les côtés. *Prosternum* à peine développé au devant des hanches antérieures. *Mésosternum* court, à lame médiane plus ou moins largement tronquée ou subéchancrée à son sommet, prolongée environ jusqu'aux deux tiers des hanches intermédiaires : *celles-ci* plus ou moins notablement distantes. *Abdomen* assez court, subparallèle, parfois atténué en arrière, sans styles apparents à son sommet. *Tibias* aussi longs ou presque aussi longs que les cuisses : *les antérieurs* sans dent ou éperon avant le sommet de leur tranche supérieure. *Tarses* grêles, subfiliformes, de 4 articles.

Obs. Cette branche se distingue de toute autre par ses antennes de 10 articles seulement. Elle est, de plus, remarquable par la massue oblongue qui termine lesdits organes, et par la structure de la lame mésosternale qui est plus ou moins largement tronquée ou subéchancrée à son sommet, ce qui oblige les hanches intermédiaires de s'écarter d'une manière notable (1).

Cette branche se réduit à 2 genres dont voici l'analyse :

Lame supérieure des hanches postérieures		
	en forme de carré transverse. *Lame mésosternale* subverticale, très-largement tronquée au sommet. *Hanches intermédiaires* notablement distantes. *Corps* subovalaire ou subscaphidiforme. *Abdomen* court, plus ou moins atténué en arrière.	Microcera.
	en forme de cône ou de carré oblong. *Lame mésosternale* déclive, largement tronquée ou subéchancrée au sommet. *Hanches intermédiaires* fortement distantes. *Corps* allongé ou oblong, sublinéaire. *Abdomen* peu allongé, subparallèle. . . .	Oligota.

Genre *Microcera*, Microcère ; Mannerheim.

Mannerheim, Brach., p. 72.

Etymologie : μικρὸν, petite ; κέρας, corne.

Caractères. *Corps* subovalaire, rétréci en arrière, subscaphidiforme, convexe, ailé.

Tête médiocre, transverse, beaucoup plus étroite que le prothorax, fortement engagée dans celui-ci, non resserrée à sa base, angulaire-

(1) Il serait ici à propos de rappeler de nouveau l'importance des parties inférieures du corps, trop souvent négligées, et qui exigeraient une description aussi détaillée que celles de dessus. On comprend que, pour cette étude, il faut avoir des insectes piqués et non collés, qu'on puisse alternativement examiner sur leurs deux faces. On peut, nous dira-t-on, en coller quelques exemplaires à la renverse, mais alors il n'est pas permis de vérifier si ceux-ci sont identiques à ceux qui présentent leur surface dorsale, et, quand on est réduit à les décoller, les poils agglutinés par la colle deviennent un nouvel obstacle pour l'observateur.

ment rétrécie en avant, non saillante, infléchie ou même subréfléchie en dessous. *Tempes* sans rebord latéral sensible. *Epistome* tronqué au sommet. *Labre* court, transverse, subtronqué à son bord antérieur. *Mandibules* peu saillantes, inégales, avec la gauche un peu plus grande; plus ou moins incisées à leur tranche interne, arquées vers leur extrémité. *Palpes maxillaires* médiocrement allongés, de 4 articles : le 3e un peu plus long que le 2e, renflé ou ovalaire-oblong : le dernier petit, grêle, subulé, aciculaire, plus long que la moitié du précédent. *Palpes labiaux* très-petits, de 3 articles : les 2 premiers assez épais, subégaux : le dernier petit, grêle, subsubulé. *Menton* transverse, subtronqué en avant. *Tige des mâchoires* nullement saillante à la base.

Yeux grands, subarrondis, peu saillants, touchant au bord antérieur du prothorax et parfois un peu voilés en arrière par celui-ci.

Antennes courtes, insérées vers le bord antéro-interne des yeux, dans une fossette subarrondie, profonde et assez grande; de 10 articles, dont les 3 ou 4 derniers forment une massue oblongue : les 2 premiers oblongs, sensiblement renflés : les 3e à 6 petits, non fortement contigus : les pénultièmes transverses : le dernier grand, courtement ovalaire ou subovalaire.

Prothorax très-court, très-fortement transverse ; aussi large en arrière que les élytres; beaucoup plus étroit en avant; largement subtronqué au sommet avec les angles antérieurs infléchis et subarrondis; sensiblement arrondi et finement rebordé sur le milieu de sa base, avec celle-ci faiblement subsinuée de chaque côté près des angles postérieurs qui sont presque droits ou obtus; à côtés déclives, subarqués et en forme de tranche. *Repli inférieur* large, fortement réfléchi, non visible latéralement, plus ou moins enfoui.

Ecusson court, large, subtriangulaire.

Elytres courtes, transverses, simultanément et largement échancrées à leur bord apical, non sinuées au sommet vers leur angle postéro-externe; simples et subarquées sur leurs côtés. *Repli latéral* assez large, peu réfléchi, à bord interne à peine arrondi. *Epaules* non saillantes.

Prosternum à peine développé au-devant des hanches antérieures, formant entre celles-ci un angle court et très-ouvert. *Mésosternum* court, enfoui, subvertical, à lame médiane, très-largement tronquée au sommet et prolongée environ jusqu'aux deux tiers des hanches intermédiaires, souvent carinulée vers sa base. *Médiépisternums* assez développés, confondus avec le mésosternum; *médiépimères* assez grandes, débordant en arrière le côté interne des postépisternums. *Métasternum* assez grand, subtransversalement coupé à son bord postérieur, faiblement subangulé entre les hanches postérieures; avancé entre les intermédiaires en une lame large, courte, très-largement tronquée et s'appliquant exactement contre celle du mésosternum. *Postépisternums* très-étroits, en languette, à bord interne, subparallèle au repli des élytres; *postépimères* assez petites, subtriangulaires.

Abdomen court, plus ou moins fortement atténué en arrière, un peu moins large que les élytres, subconvexe en dessus, assez fortement rebordé sur les côtés, pouvant un peu se redresser en l'air; à segments parfois tous rétractiles : le 1er plus ou moins recouvert à sa base par les élytres, les 3 suivants subégaux, le 5e beaucoup plus long, le 6e non ou à peine saillant, très-rétractile : celui de l'armure caché. *Ventre* convexe, à 1er arceau grand, les suivants plus courts, subégaux ou avec les 2 intermédiaires un peu moins développés : le 6e non ou à peine saillant, très-rétractile.

Hanches antérieures grandes, coniques, assez saillantes, obliquement couchées en travers et subrenversées en arrière, subconvexes en avant, planes en dessous, contiguës au sommet. *Les intermédiaires* oblongues, moindres, déprimées, très-obliquement disposées, notablement distantes. *Les postérieures* grandes, subcontiguës à leur base, légèrement divergentes à leur sommet; à *lame supérieure* nulle en dehors, brusquement dilatée en dedans en forme de carré transverse ou subtransverse, échancré au sommet, voilant légèrement par sa tranche externe la base des cuisses et des trochanters postérieurs; à *lame inférieure* transverse, très-large, explanée, subparallèle, parfois relevée extérieurement presque jusqu'au niveau de la lame supérieure.

Pieds assez courts, grêles. *Trochanters antérieurs* et *intermédiaires* très-petits, subcunéiformes; *les postérieurs* assez grands, en ovale subacuminé, subdétachés au sommet. *Cuisses* débordant légèrement les côtés du corps, subcomprimées sublinéaires ou à peine atténuées vers leur extrémité. *Tibias* grêles, aussi longs (au moins les postérieurs) que les cuisses, droits ou presque droits, sublinéaires ou à peine plus étroits vers leur base, mutiques, munis au bout de leur tranche inférieure de 2 petits éperons peu distincts. *Tarses* grêles, plus courts que les tibias, subsétacés, de 4 articles ; *les antérieurs* courts, avec les 3 premiers articles courts, subégaux : le 1er néanmoins paraissant un peu moins court et à peine plus épais; *les intermédiaires et postérieurs* moins courts, à 1er article assez allongé, égal au moins aux 2 suivants réunis : ceux-ci courts, subégaux : le dernier de tous les tarses assez épais, subégal, aux deux précédents réunis. *Ongles* petits, grêles, simples, subarqués, subinfléchis.

Obs. Ce genre, bien voisin des *Oligota*, doit, à notre avis, en être séparé malgré la similitude des organes buccaux et des tarses. Il s'en distingue, en effet, par sa forme plus large et subovalaire, par sa tête presque réfléchie en dessous, par ses antennes à massue plus épaisse, par ses élytres subarquées sur les côtés, par son abdomen plus court et atténué en arrière ; par son mésosternum encore plus large, plus vertical, avec les hanches intermédiaires plus notablement distantes ; et surtout par la forme plus carrée et plus transverse de la lame supérieure des hanches postérieures. Les yeux sont aussi plus grands, un peu engagés en arrière sous le prothorax. Les palpes, surtout les maxillaires, paraissent moins allongés. Parfois les segments de l'abdomen sont tous rétractiles ou subrétractiles (1).

Nous ne connaissons que 2 très-petites espèces de *Microcera* vivant sur les rameaux des arbres, dans les vieux fagots ou dans les caves. En voici les caractères :

a. *Massue des antennes* brusque, de 3 articles. *Angles antérieurs du prothorax* presque droits. *Abdomen* fortement atténué vers son extrémité, à premiers segments courts et sensiblement rétractiles (*Microcera*) .... *flavicornis*.

aa. *Massue des antennes* graduée, de 4 articles. *Angles antérieurs du prothorax* fortement arrondis. *Abdomen* médiocrement atténué vers son extrémité, à premiers segments assez courts et peu rétractiles (Sous-genre *Goliota*, anagramme d'*Oligota*) .... *granaria*.

(1) Pour apprécier cette faculté, il suffit d'observer que le bord apical de chaque segment est élevé au-dessus du niveau de la base du suivant.

1. Microcera flavicornis, Boisduval et Lacordaire.

Subovalaire, subscaphidiforme, assez convexe, finement et assez longuement pubescente, finement pointillée, d'un noir brillant, avec la bouche et les antennes blondes et les pieds d'un roux ferrugineux. Antennes à massue brusque de 3 articles. Prothorax fortement transverse, fortement rétréci en avant, à peine arqué sur les côtés, presque aussi large en arrière que les élytres, légèrement bissinué à sa base, à angles antérieurs presque droits. Elytres très-fortement transverses, beaucoup plus longues que le prothorax, subarrondies sur les côtés. Abdomen court, fortement atténué en arrière, fortement sétosellé.

Hypocyphtus flavicornis. Boisduval et Lacordaire, Faun. Ent. Par. I, 521, 4.
Oligota flavicornis, Erichson, Col. March. I, 364, 5. — Gen. et spec. Staph. 181, 5. — Heer, Faun. Col. Helv. I, 313, 5. — Redtenbacher, Faun. Austr. 671, 3. — Fairmaire et Laboulbène, Faun. Ent. Fr. I, 454, 5. — Kraatz, Ins. Deut. II, 350, 6. — Jacquelin Du Val, Gen. Col Eur. Staph. pl. 4, fig. 19.
Microcera flavicornis, Thomson, Skand. Col. II, 263, 1, 1860.

Long. 0,0011 (1/2 l.)

Corps court, subovalaire, subscaphidiforme, assez convexe, finement pointillé, d'un noir brillant; revêtu d'une fine pubescence d'un gris obscur, assez longue, semicouchée et peu serrée.

Tête beaucoup moins large que le prothorax à sa base, finement pubescente, très-finement et densement pointillée, d'un noir brillant. *Front* large, à peine convexe, subangulé en avant. *Epistome* longitudinalement convexe, presque lisse, parfois d'un roux de poix vers son extrémité. *Labre* à peine convexe, roux, offrant à son sommet quelques cils pâles assez longs. *Parties de la bouche* d'un testacé pâle.

Yeux subarrondis, noirs.

Antennes atteignant à peine le milieu du prothorax, très-finement duveteuses et en outre distinctement pilosellées surtout vers le sommet de chaque article; entièrement d'un blond pâle: les deux premiers articles oblongs, subégaux, sensiblement épaissis en massue subelliptique : les 3e à 7e très-petits, subglobuleux, subégaux, formant une tige grêle : les 8e à 10e brusquement épaissis en massue oblongue : les 8e et 9e fortement transverses, subégaux : le dernier épais, subégal aux deux précédents réunis, subgloboso-ovalaire, obtus au sommet.

Prothorax fortement transverse, presque deux fois aussi large à sa base que long dans son milieu ; fortement rétréci en avant, où il est de moitié moins large qu'en arrière; tronqué au sommet, avec les angles antérieurs infléchis et presque droits ; à peine arqué sur les côtés ; presque aussi large postérieurement que les élytres ; légèrement arrondi à sa base, avec celle-ci subsinuée de chaque côté près des angles postérieurs qui sont obtus et subarrondis ; médiocrement convexe ; finement, assez longuement et subéparsement pubescent ; très-finement, assez densement et souvent légèrement pointillé ; entièrement d'un noir brillant.

Ecusson en majeure partie recouvert, presque lisse, d'un noir brillant.

Elytres formant ensemble un carré très-fortement transverse, une fois et demie aussi longues que le prothorax ; un peu plus larges en arrière qu'en avant ; sensiblement subarquées sur les côtés ; évidemment plus larges, vers le milieu de ceux-ci, que la base du prothorax ; légèrement mais sensiblement convexes ; finement, assez longuement et subéparsement pubescentes ; finement et densement pointillées, avec la ponctuation subruguleuse, plus serrée et plus forte que celle du prothorax ; entièrement d'un noir brillant. *Epaules* à peine ou non saillantes.

Abdomen court, un peu moins large à sa base que les élytres, à peine plus d'une fois plus prolongé que celles-ci ; graduellement et fortement rétréci vers son extrémité en forme de cône tronqué au sommet ; légèrement convexe vers sa base, un peu plus fortement en arrière ; finement et subéparsement pubescent ; offrent en outre le long du bord apical des quatre premiers segments, une frange de longs cils obscurs et redressés, et, sur les côtés vers le sommet des mêmes segments, une longue soie noire accompagnée de quelques cils plus légers et d'une couleur moins obscure ; finement et assez densement pointillé, avec la ponctuation subécailleuse ; d'un noir assez brillant, avec le sommet du 5e segment parfois couleur de poix. *Le* 1er plus ou moins recouvert : les 2e à 4e très-courts, subégaux, rétractiles : le 5e beaucoup plus grand, largement, obtusément ou subarcuément tronqué et muni à son bord apical d'une fine membrane blanchâtre, assez grossière et bien tranchée : le 6e à peine saillant : celui de l'armure caché.

Dessous du corps finement et assez longuement pubescent, très-finement et densement pointillé, d'un noir assez brillant, avec les hanches antérieures et intermédiaires d'un roux de poix (1). *Métasternum* subconvexe. *Ventre* convexe, un peu moins finement pointillé que la poitrine, avec la ponctuation un peu moins serrée vers le sommet ; à 5e arçeau subégal au précédent ou à peine plus grand : le 6e à peine saillant, parfois couleur de poix, obtusément arrondi au sommet.

Pieds assez courts, légèrement pubescents, obsolètement ou à peine pointillés, d'un roux de poix ferrugineux et assez brillant, avec les cuisses parfois plus ou moins rembrunies : celles-ci presque sublinéaires. *Tibias* grêles ; les postérieurs aussi longs que les cuisses. *Tarses* grêles, légèrement ciliés en dessous ; *les antérieurs* courts ; *les intermédiaires et postérieurs* moins courts, sensiblement moins longs que les tibias, à 1er article assez allongé, égal au moins aux 2 suivants réunis : ceux-ci courts, subégaux.

Patrie. Cette espèce se trouve assez communément dans presque toute la France, dans les vieux fagots, parmi les mousses et sur les rameaux touffus des arbres. Elle n'est pas rare aux environs de Lyon et dans le Beaujolais.

(1) Parfois la lame mésosternale paraît finement carinulée, au moins vers la base de sa ligne médiane.

2. Microcera (Goliota) granaria; ERICHSON.

Subovalaire, assez convexe, finement et assez brièvement pubescente, finement pointillée, d'un noir brillant, avec la bouche, les antennes et les pieds d'un roux ferrugineux. Antennes à massue graduée de 4 articles. Prothorax fortement transverse, fortement rétréci en avant, sensiblement arqué sur le côtés, presque aussi large en arrière que les élytres, à peine bissinué à sa base, à angles antérieurs fortement arrondis. Elytres fortement transverses, beaucoup plus longues que le prothorax, subarrondies sur les côtés. Abdomen court, médiocrement atténué en arrière, légèrement sétosellé.

Oligota granaria, ERICHSON, Col. March, I, 364, 4. — Gen. et Spec Staph. 181, 4. — HEER, Faun. Col. Helv. I, 313, 4. — REDTENBACHER, Faun. Austr. 671, 3. — FAIRMAIRE et LABOULBÈNE, Faun. Ent. Fr. I, 454, 4. — KRAATZ, Ins. Deut. II, 349, 5.

Long. 0,0011 (1/2 l.)

Corps subovalaire, assez convexe, finement pointillé, d'un noir brillant; revêtu d'une fine pubescence d'un gris obscur, assez courte, couchée et peu serrée.

Tête à peine aussi large que la moitié de la base du prothorax, finement pubescente, finement et densement pointillée, d'un noir brillant. *Front* large, à peine convexe. *Epistome* convexe, presque lisse, parfois un peu roussâtre au sommet. *Labre* subconvexe, presque lisse, roux, éparsement cilié en avant. *Parties de la bouche* d'un roux ferrugineux.

Yeux subarrondis, noirs.

Antennes atteignant environ le milieu du prothorax ; très-finement duveteuses et en outre distinctement pilosellées surtout vers le sommet de chaque article; entièrement d'un roux ferrugineux : les 2 premiers articles oblongs, légèrement épaissis : le 1er en massue courte, le 2e en massue obconique, un peu plus long que le précédent : les 3e à 6e petits, graduellement un peu plus épais, formant une tige à peine plus grêle que les 2 premiers articles : le 6e transverse : les 7e à 10e formant ensemble une massue épaisse mais graduée : le 7e fortement, les 8e et 9e très-fortement transverses : le dernier épais, au moins égal aux 2 précédents réunis, subovalaire, très-obtusément acuminé au sommet.

Prothorax fortement transverse, 2 fois aussi large à sa base que long dans son milieu ; fortement rétréci en avant où il est à peine de moitié moins large qu'en arrière ; tronqué au sommet, avec les angles antérieurs infléchis, obtus et fortement arrondis ; sensiblement arqué sur les côtés ; presque aussi large postérieurement que les élytres ; légèrement arrondi à sa base, avec celle-ci à peine sinuée de chaque côté près des angles postérieurs, qui sont à peine obtus et à peine arrondis ; médiocrement convexe ; finement, assez courtement et subéparsement pubescent ; finement et densement pointillé ; entièrement d'un noir brillant.

Ecusson en majeure partie recouvert, presque lisse, d'un noir brillant.

Elytres formant ensemble un carré fortement transverse, 1 fois et demie ou 1 fois et deux tiers aussi longues que le prothorax ; à peine plus larges en arrière qu'en avant ; subarquées sur les côtés, un peu plus larges vers le milieu de ceux-ci que la base du prothorax ; légèrement mais sensiblement convexes ; finement, assez courtement et subéparsement pubescentes ; finement et densement pointillées, avec la ponctuation subruguleuse et plus distincte que celle du prothorax ; entièrement d'un noir brillant. *Epaules* à peine ou non saillantes.

Abdomen court, un peu moins large à sa base que les élytres, un peu plus d'une fois plus prolongé que celles-ci ; graduellement et médiocrement atténué vers son extrémité ; assez convexe vers sa base, plus fortement en arrière ; finement et subéparsement pubescent ; offrant, en outre, au bord apical des 4 premiers segments, une frange de cils plus longs et subredressés, et, sur les côtés vers le sommet des mêmes segments, une soie obscure accompagnée de quelques cils plus légers et moins sombres ; finement et densement pointillé ; d'un noir brillant, avec le sommet du 5e segment parfois d'un roux de poix. *Le* 1er en majeure partie recouvert : les 2e à 4e assez courts : le 5e plus grand, largement et obtusément tronqué et muni à son bord apical d'une membrane blanchâtre, assez grossière et bien tranchée : le 6e à peine saillant, d'un roux de poix, obtusément arrondi au sommet : celui de l'armure parfois un peu distinct, ruguleux, densement pubescent.

Dessous du corps légèrement pubescent, finement et assez densement pointillé, d'un noir brillant, avec les hanches antérieures et intermédiaires et le sommet du ventre d'un roux de poix. *Métasternum* subconvexe. *Ventre* convexe, à 5e arceau subégal au précédent et parfois entièrement roux : le 6e à peine saillant, d'un roux de poix, plus ou moins arrondi au sommet.

Pieds assez courts, légèrement pubescents, à peine pointillés, d'un roux ferrugineux brillant. *Cuisses* étroites, presque sublinéaires ou à peine élargies avant ou vers leur milieu. *Tibias* grêles ou assez grêles ; *les postérieurs* aussi longs que les cuisses. *Tarses* grêles, finement ciliés en dessous ; les antérieurs courts ; *les intermédiaires* et *postérieurs* moins courts, sensiblement moins longs que les tibias, à 1er article assez allongé, au moins aussi long que les 2 suivants réunis : ceux-ci courts, subégaux.

Patrie. Cette espèce est rare. Elle se trouve aux environs de Paris et dans le Beaujolais. Elle vit dans les celliers et dans les caves, aux dépens des moisissures noires (*Mucedo cellaris*) qui couvrent les douelles des tonneaux, les marchons et les murs, et souvent en compagnie de divers *Cryptophages*, de la *Mycetaea hirta* et de l'*Orthoperus atomarius*.

Obs. La massue des antennes moins brusque et composée de 4 articles, les angles antérieurs du prothorax obtus et fortement arrondis, l'abdomen moins fortement atténué en arrière, avec les premiers segments non ou peu rétractiles, tels sont les caractères principaux qui séparent cette espèce de la précédente.

Elle présente les signes génériques à un degré inférieur. La forme est moins ovalaire, un peu moins large, moins scaphidiforme que chez la *Microcera flavicornis*. L'abdomen est moins atténué en arrière, la tête moins infléchie, le prosternum moins enfoui, la lame mésosternale moins verticale, etc. C'est pourquoi nous avons jugé à propos de faire de cette espèce un sous-genre (*Goliota*), qui fait en quelque sorte passage au genre *Oligota*.

On lui donne quelquefois pour synonyme la *Pentatoma* de Forster.

Peut-être doit-on rapporter au genre *Microcera* l'*Oligota latissima* de Motschulsky. (Bull. Mosc. 1856, III, 235. — Enum. nouv. esp. Col. 1859, 95, 182). Carinthie.

Genre Oligota, *Oligote ;* Mannerheim.

Mannerheim, Brach. p. 72. — *Erichson*, Gen. et Spec. Staph. p. 179.

Etymologie : ὀλίγος, petit.

Caractères. *Corps* allongé ou oblong, subparallèle ou sublinéaire, assez convexe, ailé.

Tête petite, transverse ou subtransverse, plus étroite que le prothorax, fortement engagée dans celui-ci, non resserrée à sa base, subangulairement rétrécie en avant, non saillante, infléchie. *Tempes* sans rebord latéral sensible. *Epistome* tronqué en avant. *Labre* court, transverse, subtronqué à son bord antérieur. *Mandibules* peu saillantes, inégales, avec la gauche un peu plus grande ; arquées à leur extrémité ; plus ou moins incisées à leur tranche interne (1), l'une vers son milieu, l'autre vers son sommet. *Palpes maxillaires* peu ou médiocrement allongés, de 4 articles : le 3e un peu plus long que le 2e, plus ou moins renflé : le dernier petit, très-grêle, subulé, aciculaire, un peu plus long que la moitié du précédent. *Palpes labiaux* très-petits, de 3 articles : les 2 premiers épais, subégaux, et le dernier petit, grêle, subulé. *Menton* transverse, subtronqué en avant. *Tige des mâchoires* à peine angulée à la base.

Yeux médiocres ou assez grands, subarrondis, peu saillants, touchant ou touchant presque au prothorax.

Antennes assez courtes, insérées vers le bord antéro-interne des yeux, dans une fossette subarrondie et assez profonde ; de 10 articles, avec les 3 ou 4 (2) derniers formant une massue oblongue : les 2 premiers

(1) Ce caractère, que nous rapportons d'après Jacquelin du Val, ne peut être aperçu que par la dissection

(2) Rarement les 5 derniers.

ordinairement oblongs et sensiblement épaissis : les 3e à 6e petits, non contigus : les pénultièmes transverses : le dernier grand, plus ou moins courtement subovalaire.

Prothorax très-court, fortement transverse, à peine moins large en arrière que les élytres, plus étroit en avant ; tronqué au sommet, avec les angles antérieurs infléchis et subarrondis ; largement arrondi et finement rebordé sur le milieu de sa base, avec celle-ci faiblement subsinuée de chaque côté près des angles postérieurs qui sont plus ou moins obtus, parfois presque droits; à côtés déclives, subarqués et en forme de tranche. *Repli inférieur* large, fortement réfléchi, non visible latéralement, plus ou moins enfoui.

Ecusson court, large, subtriangulaire.

Elytres assez courtes, plus ou moins transverses; simultanément et largement échancrées à leur bord apical; non sinuées au sommet vers leur angle postéro-externe; simples et presque subrectilignes sur leurs côtés. *Repli latéral* assez large, peu réfléchi, à bord interne presque droit. *Epaules* à peine ou non saillantes.

Prosternum à peine développé au-devant des hanches antérieures, offrant entre celles-ci un triangle court et peu aigu. *Mésosternum* court, à lame médiane déclive, plus ou moins largement tronquée ou subéchancrée au sommet, prolongée environ jusqu'aux deux tiers des hanches intermédiaires, souvent distinctement carinulée sur son milieu, surtout vers sa base. *Médiépisternums* assez grands ; *médiépimères* médiocres. *Métasternum* assez développé, subobliquement coupé sur les côtés de son bord postérieur, non subéchancré au devant de l'insertion des hanches postérieures, à peine ou non subangulé entre celles-ci ; avancé entre les intermédiaires en une lame courte, plus ou moins largement tronquée ou subarrondie en avant, où elle s'applique exactement contre le sommet de la lame mésosternale. *Postépisternums* très-étroits, en languette, à bord interne subparallèle au repli des élytres ; *postépimères* petites, subtriangulaires, souvent peu distinctes.

Abdomen suballongé, aussi large ou à peine moins large que les élytres, subparallèle, assez convexe en dessus, fortement rebordé sur les côtés, pouvant un peu se redresser en l'air ; à 1er segment apparent plus ou moins recouvert par les élytres : les 2e et 3e subégaux : le 4e parfois un peu, le 5e sensiblement plus grands : le 6e peu saillant, rétractile : celui de l'armure plus ou moins caché : les 3 premiers faiblement impressionnés en travers à leur base. *Ventre* convexe, à arceaux subégaux : le 1er à peine plus grand, plus ou moins recouvert à sa base par les hanches postérieures : le 6e peu saillant, rétractile.

Hanches antérieures grandes, coniques, obliques, assez saillantes, renversées en arrière, convexes en avant, planes en dessous, contiguës au sommet. *Les intermédiaires* moins développées, oblongues, déprimées, très-obliquement disposées, plus ou moins fortement distantes. *Les postérieures* grandes, très-rapprochées à leur base, plus ou moins divergentes au sommet ; à *lame supérieure* nulle en dehors, subitement dilatée en dedans en cône subhorizontal ou parfois presque en carré long ; à *lame inférieure* transverse, assez large, explanée, subparallèle ou à peine plus étroite en dehors.

Pieds assez courts, plus ou moins grêles. *Trochanters antérieurs* et *intermédiaires* très-petits, subcunéiformes ; *les postérieurs* assez grands, ovales ou ovales-oblongs. *Cuisses* débordant un peu les côtés du corps, subcomprimées, sublinéaires, parfois subatténuées vers leur extrémité *Tibias* grêles, aussi longs (au moins les postérieurs) que les cuisses, droits ou presque droits, sublinéaires ou à peine plus étroits vers leur base, mutiques, munis au bout de leur tranche inférieure de deux petits éperons à peine distincts. *Tarses* grêles, plus courts que les tibias, subfiliformes, de 4 articles ; *les antérieurs* courts, avec les 3 premiers articles courts, subégaux ; *les intermédiaires* et *postérieurs* moins courts, à 1er article plus ou moins allongé, évidemment plus long que chacun des 2 suivants : ceux-ci assez courts, subégaux : le dernier de tous les tarses, subégal aux 2 précédents réunis. *Ongles* petits, grêles, simples, subarqués.

Obs. Ce genre ne renferme que de très-petites espèces, qu'on rencontre parmi les mousses et les détritus végétaux, quelquefois avec les fourmis, d'autres fois dans nos habitations. Leur démarche est lente.

Les insectes de cette coupe sont remarquables par la petitesse de leur taille, et par leurs antennes de 10 articles, dont les 3 ou 4 derniers forment une massue oblongue. Leur forme est à peu près celle d'une *Aleochara* et surtout de l'*Aleochara morion*.

Les espèces du genre *Oligota* sont difficiles à distinguer les unes des autres. Nous les partageons en 2 groupes :

I. *Corps* oblong, assez large, subparallèle, peu convexe, presque de la forme de la *Microcera granaria*. *Pieds* grêles (1). (Sous-genre *Logiota,* anagramme d'*Oligota*).

II. *Corps* plus ou moins allongé, plus ou moins étroit, sublinéaire, plus ou moins convexe. *Pieds* assez grêles (sous-genre *Oligota* proprement dit).

Groupe 1. Sous-genre Logiota

Corps oblong, assez large, subparallèle, peu convexe. *Pieds* grêles.

Obs. Par leur forme assez large, les insectes de ce groupe se lient d'une manière manifeste à la dernière espèce du genre *Microcera*. La pubescence est peu serrée, le 5e segment abdominal est sensiblement plus grand que le 4e, et celui-ci n'est jamais impressionné en travers à sa base, etc.

Les espèces du sous-genre *Logiota* sont peu nombreuses. Nous les grouperons de la manière suivante :

a. *Corps* en majeure partie d'un roux de poix ou d'un roux testacé.
   b. *Massue des antennes* oblongue, graduée, de 4 articles. *Abdomen* subatténué vers son extrémité, à *5e segment* beaucoup plus grand que le 4e. *Prothorax et dessous du corps* généralement d'un roux testacé. .... *rufipennis.*
   bb. *Massue des antennes* allongée, graduée, de 5 articles. *Abdomen* subparallèle, à 5e *segment* sensiblement plus grand que le 4e. *Prothorax* et *postpectus* généralement d'un brun de poix .... *apicata.*

aa. *Corps* noir, avec l'extrémité de l'abdomen largement fauve. *Massue des antennes* graduée, de 5 articles. *Pieds* postérieurs, couleur de poix .... *xanthopyga.*

aaa. *Corps* en majeure partie noir, avec le sommet de l'abdomen couleur de poix. *Massue des antennes* très-allongée, graduée, de 5 articles. *Le 5e segment* de l'*abdomen* beaucoup plus grand que les précédents. *Pieds* tous testacés .... *picescens.*

(1) La lame mésosternale paraît obsolètement carinulée sur sa ligne médiane, surtout vers sa base.

1. Oligota (Logiota) rufipennis; KRAATZ.

Oblongue, assez large, peu convexe, très-finement et subéparsement pubescente, finement pointillée, d'un noir de poix brillant, avec le prothorax et le dessous du corps d'un roux châtain, les élytres et les 5e et 6e segments de l'abdomen d'un roux testacé, la bouche, la base des antennes et les pieds testacés. Antennes à massue oblongue, graduée, de 4 articles. Prothorax fortement transverse, beaucoup plus étroit en avant, légèrement arqué sur les côtés, à peine aussi large en arrière que les élytres, à peine bissinué à sa base. Elytres fortement transverses, beaucoup plus longues que le prothorax. Abdomen subatténué en arrière, finement et assez densement pointillé, à 5e segment beaucoup plus grand que le 4e.

Oligota apicata, KRAATZ, Ins. Deut. (1856), II. 349, 4.
Oligota rufipennis, KRAATZ, Berl. Zeit. 1858, 352.

Variété *a. Abdomen* plus ou moins largement d'un roux de poix à sa base.

Long. 0,0014 (2/3 l.).

Corps oblong, assez large, peu convexe, finement pointillé, en majeure partie roux ou testacé; revêtu d'une très-fine pubescence cendrée, courte, couchée, et peu serrée.

Tête beaucoup moins large que le prothorax, légèrement pubescente; très-finement, obsolètement et assez densement pointillée; d'un noir ou d'un brun de poix brillant et parfois plus ou moins châtain. *Front* large, faiblement convexe. *Epistome* convexe, presque lisse, plus ou moins roussâtre. *Labre* subconvexe, presque lisse, d'un roux de poix, éparsement cilié vers son sommet. *Parties de la bouche* testacées.

Yeux subarrondis, noirs.

Antennes à peine moins longues que la tête et le prothorax réunis; très-finement duveteuses et en outre pilosellées surtout vers le sommet de chaque article; testacées avec la massue un peu plus foncée;

les 2 premiers articles oblongs, subégaux, subépaissis en massue subelliptique : les 3e à 5e petits, formant une tige assez grêle : le 6e un peu plus fort, subglobuleux : les 7e à 10e épaissis en massue graduée et oblongue : le 7e sensiblement, les 8e et 9e fortement transverses, subisolés : le dernier épais, subégal au 2 précédents réunis, subglobuloso-ovalaire, obtus au sommet.

Prothorax fortement transverse, environ 2 fois aussi large à sa base que long dans son milieu ; fortement rétréci en avant ; tronqué au sommet, avec les angles antérieurs subcomprimés, infléchis et subarrondis ; légèrement arqué sur les côtés ; à peine aussi large ou un peu moins large en arrière que les élytres ; sensiblement arrondi à sa base, avec celle-ci à peine sinuée de chaque côté près des angles postérieurs, qui sont obtus et arrondis ; assez convexe ; très-finement et subéparsement pubescent ; très-finement, légèrement et densement pointillé ; d'un roux brillant, plus ou moins châtain et rarement testacé.

Ecusson plus ou moins caché, d'un brun ou d'un roux de poix.

Elytres formant ensemble un carré fortement transverse, au moins une fois et demie aussi longues que le prothorax ; un peu plus larges en arrière qu'en avant et faiblement arquées postérieurement sur les côtés ; subdéprimées ou à peine convexes sur leur disque, parfois subimpressionnées derrière l'écusson ; très-finement et subéparsement pubescentes ; finement pointillées, avec la ponctuation peu serrée et un peu plus forte que celle du prothorax ; entièrement d'un roux testacé brillant. *Epaules* à peine saillantes, arrondies.

Abdomen assez court, à peine moins large à sa base que les élytres, à peine 2 fois plus prolongé que celles-ci ; subparallèle jusques environ le milieu de ses côtés, et puis subatténué vers son extrémité ; faiblement convexe vers sa base, un peu plus sensiblement en arrière ; très-finement et subéparsement pubescent ; finement, légèrement et assez densement pointillé ; d'un noir de poix brillant, avec les rebords latéraux et parfois la base plus ou moins roux, le 5e segment (moins son extrême base) et le 6e d'un roux-testacé plus ou moins clair et tranché. *Le 1er segment* plus ou moins recouvert, faiblement sillonné en travers à sa base, ainsi que les 2e et 3e : le 5e beaucoup plus grand que que le précédent, largement et obtusément tronqué et muni à son bord apical d'une très-fine membrane pâle et peu distincte : le 6e à peine saillant, plus ou moins arrondi au sommet.

Dessous du corps très-finement, légèrement et densement pointillé; d'un roux de poix brillant, avec le dessous de la tête, l'antépectus, la base et l'extrémité du ventre plus clairs ou testacés. *Métasternum* convexe. *Ventre* convexe, à 3e et 4e arceaux un peu rembrunis : le 5e entièrement testacé, subégal au précédent : le 6e très-peu saillant, testacé, plus ou moins fortement arrondi au sommet.

Pieds assez courts, très-légèrement pubescents, à peine pointillés, d'un testacé brillant. *Cuisses* étroites, sublinéaires, *Tibias* grêles, aussi longs ou presque aussi longs que les cuisses. *Tarses* grêles, finement et éparsement ciliés en dessous; *les antérieurs* courts; *les intermédiaires* un peu moins courts, à 1er article suballongé; *les postérieurs* assez allongés, sensiblement moins longs que les tibias, à 1er article allongé, subégal aux 2 suivants réunis : ceux-ci à peine oblongs, subégaux.

Patrie. Cette espèce se trouve, mais peu communément, dans les environs de Lyon et dans le Beaujolais. Elle vit dans les caves parmi les moisissures qui recouvrent les tonneaux. Nous l'avons aussi capturée sur l'*Uredo mucedo* ou *cellaris* qui tapisse d'une couche noire, de la consistance de l'amadou, les murailles, les marchons et les foudres.

Obs. Sa coloration, en majeure partie rousse ou testacée, la distingue suffisamment des autres espèces.

Souvent la tête est d'un roux châtain, et alors le prothorax est d'un roux testacé, les élytres testacées, les 3 premiers segments de l'abdomen roussâtres, le 4e d'un brun de poix, et les 5e et 6e flaves ou testacés.

Le 1er segment abdominal est souvent caché en grande partie, les suivants sont parfois un peu rétractiles.

Chez les ♂, le 6e segment de l'abdomen est plus obtusément arrondi et le 6e arceau ventral, plus étroitement arrondi, est plus prolongé que le segment abdominal correspondant.

Peut-être doit-on rapporter à l'*O. rufipennis* la *Castanea* de Wollaston ?

2. Oligota (Logiota) apicata; Erichson.

Oblongue, assez large, subparallèle, peu convexe, très-finement et éparsement pubescente, finement pointillée, d'un brun de poix brillant, avec les élytres et l'extrémité de l'abdomen d'un roux châtain, la bouche, la base des antennes et les pieds d'un roux testacé. Antennes à massue allongée, graduée, de 5 articles. Prothorax fortement transverse, beaucoup plus étroit en avant, légèrement arqué sur les côtés, aussi large en arrière que les élytres, à peine bissinué à sa base. Elytres fortement transverses, beaucoup plus longues que le prothorax. Abdomen subparallèle, finement et assez densement pointillé, à 5e segment sensiblement plus grand que le 4e.

Oligota apicata, Kraatz, Berl. Ent. Zeit. 1858, II, 351, 2.
Oligota abdominalis, Scriba, Stett. Ent. Zeit. 1857, 378, 4.
Microcera apicata, Thomson, Skand Col. II, 264, 1860.

Variété *a*. *Prothorax* d'un roux châtain, *élytres* d'un roux testacé.

Oligota apicata, Erichson, Col. march. I, 365, 6 ; — Gen. et Spec. Staph. 182, 6.
Redtenbacher, Faun. Austr. 823.

Long. 000,12 (1/2 l.).

Corps oblong, assez large, subparallèle, peu convexe, finement pointillé; d'un brun de poix brillant, avec les élytres et l'extrémité de l'abdomen d'un roux châtain ; revêtu d'une très-fine pubescence cendrée, assez courte, couchée et peu serrée.

Tête beaucoup moins large que le prothorax, légèrement pubescente ; obsolètement et assez densement pointillée; d'un brun de poix brillant. *Front* large, subconvexe. *Epistome* convexe, presque lisse, souvent d'un brun châtain. *Labre* subconvexe, presque lisse, d'un roux de poix, légèrement cilié vers son sommet. *Parties de la bouche* d'un roux testacé.

Yeux subarrondis, noirs.

Antennes à peine moins longues que la tête et le prothorax réunis; très-finement duveteuses et, en outre, distinctement pilosellées surtout vers le sommet de chaque article; d'un roux testacé avec la massue un peu rembrunie: les 2 premiers articles oblongs, subégaux, subépaissis en massue subelliptique: les 3e à 5e petits, formant ensemble une tige assez grêle: le 6e plus fort, subglobuleusement transverse, formant avec les 4 suivants une massue allongée et graduée: le 7e transverse, les 8e et 9e fortement transverses: le dernier épais, subégal aux 2 précédents réunis, subglobuleux, mousse au sommet.

Prothorax fortement transverse, environ 2 fois aussi large à sa base que long dans son milieu; fortement rétréci en avant; tronqué au sommet, avec les angles antérieurs subcomprimés, infléchis et à peine arrondis; légèrement arqué sur les côtés; aussi large ou presque aussi large en arrière que les élytres; sensiblement arrondi à sa base, avec celle-ci à peine sinuée de chaque côté près des angles postérieurs, qui sont obtus et subarrondis; assez convexe; très-finement et éparsement pubescent; très-finement, légèrement et assez densement pointillé; d'un brun de poix brillant, plus ou moins foncé, rarement d'un roux châtain.

Ecusson plus ou moins caché, d'un brun de poix brillant.

Elytres formant ensemble un carré fortement transverse, plus d'une fois et demie aussi longues que le prothorax; à peine plus larges en arrière qu'en avant et très-faiblement arquées postérieurement sur les côtés; subdéprimées ou parfois très-légèrement convexes sur leur disque, subimpressionnées derrière l'écusson sur la suture; très-finement et éparsement pubescentes; finement pointillées, avec la ponctuation peu serrée, oblique et évidemment plus forte que celle du prothorax; d'un roux-châtain brillant et rarement testacé, avec le repli latéral souvent un peu rembruni dans son milieu, et l'angle apical externe parfois légèrement obscurci. *Epaules* non saillantes.

Abdomen assez court, à peine moins large à sa base que les élytres, presque 2 fois plus prolongé que celles-ci; subparallèle ou à peine arqué sur les côtés; faiblement convexe vers sa base, plus sensiblement en arrière; très-finement et éparsement pubescent; finement et assez densement pointillé; d'un noir de poix brillant, avec le 5e segment (moins son extrême base), et le 6e d'un roux-châtain, parfois subtestacé. *Le 1er segment* souvent recouvert, faiblement sillonné en travers à sa base, ainsi que les 2e et 3e : le 5e sensiblement plus grand que les précédents, largement tronqué et muni à son bord apical d'une très-fine membrane pâle : le 6e peu saillant, plus ou moins arrondi au sommet.

Dessous du corps finement pubescent, légèrement pointillé; d'un brun de poix brillant, avec le dessous de la tête, l'antépectus, la base et l'extrémité du ventre d'un roux châtain. *Métasternum* convexe. *Ventre* convexe, à 5e arceau subégal au précédent; le 6e peu saillant, plus ou moins arrondi au sommet.

Pieds assez courts, légèrement pubescents, à peine pointillés, d'un roux testacé brillant. *Cuisses* étroites, sublinéaires.. *Tibias* grêles, aussi longs ou presque aussi longs que les cuisses. *Tarses* grêles, finement et éparsement ciliés; *les antérieurs* courts; *les intermédiaires* un peu moins courts, à 1er article suballongé; *les postérieurs* assez allongés, sensiblement moins longs que les tibias, à 1er article allongé, subégal aux 2 suivants réunis : ceux-ci à peine oblongs, subégaux.

Patrie. Cette espèce, assez rare, se trouve aux environs de Lyon et dans le Beaujolais. Elle se plaît dans nos habitations, où elle vit des moisissures ou petites cryptogames, qui infectent souvent les diverses provisions que nous conservons dons nos offices. Elle se prend aussi en Normandie, etc.

Obs. Elle se distingue avec peine de l'*Oligota rufipennis*, avec laquelle elle a été autrefois confondue. Elle est d'une taille à peine moindre et d'une forme un peu plus parallèle. La massue des antennes, plus allongée, un peu plus obscure, paraît composée de 5 articles. Les angles du prothorax sont un peu moins arrondis. L'abdomen est moins atténué en arrière, à 5e segment un peu moins développé. En outre, la couleur est généralement plus obscure, et le métasternum se montre toujours d'un brun de poix, même dans la *variété a*, chez laquelle le prothorax passe du brun au roux-châtain, les élytres et l'extrémité de l'abdomen du roux-châtain au roux testacé.

Nous transcrivons ici la description d'une espèce que nous n'avons pas vue en nature.

3. Oligota (Loglota) xanthopyga; Kraatz.

Ovale, noire, avec le sommet de l'abdomen largement et les pieds antérieurs et intermédiaires fauves, les postérieurs couleur de poix. Antennes assez fortes, ferrugineuses, flaves à leur base, avec les 5 derniers articles plus grands et graduellement un peu plus épais.

Oligota apicata, Fairmaire et Laboulbène, Faun. Ent. Fr. I, 455, 6, 1854.
Oligota xanthopyga, Kraatz, Berl. Zeit. 1858, II, 351.

Long. 3/4 millim.

Noire. *Tête* brillante, bouche testacée.

Antennes d'un jaune clair, avec le dernier article un peu plus obscur; grossissant assez fortement vers l'extrémité; les 2 premiers articles, grands, épais, presque égaux; les avant-derniers larges, courts; le dernier grand, ovalaire.

Corselet d'un brun marron ainsi que les élytres, un peu arrondi sur les côtés; bord postérieur légèrement sinué de chaque côté; angles postérieurs presque droits; ponctuation très-fine.

Elytres 2 fois aussi larges et plus longues au milieu que le corselet, un peu arrondies sur les côtés; densement ponctuées.

Abdomen atténué vers l'extrémité, les 2 derniers segments jaunes.

Pattes fauves.

Patrie. Paris, dans les cadavres.

Obs. Cette espèce est remarquable par ses pieds postérieurs rembrunis. La couleur générale est plus obscure que dans les espèces précédentes.

Peut-être doit-on rapporter à l'*Oligota xanthopyga* le *Somatium anale* de Wollaston. (Ins. Mad. 1854, 563, pl. 13, fig. 5, a-g)?

Oligota, (Loglota) picescens; Mulsant et Rey.

Oblongue, assez large, peu convexe, très-finement et subéparsement pubescente, très-finement pointillée, d'un noir brillant, avec les élytres brunâtres, la bouche, la base des antennes et les pieds d'un testacé de poix. Antennes à massue très-allongée, graduée, de 5 articles. Prothorax fortement transverse, fortement rétréci en avant, subarqué sur les côtés, un peu moins large en arrière que les élytres, nullement bissinué à sa base. Élytres transverses, beaucoup plus longues que le prothorax. Abdomen subatténué seulement vers son extrémité, à 5e segment beaucoup plus long que le 4e, moins densement pointillé que les précédents.

Long. 0,0014 (2/3 l.).

Corps oblong, assez large, peu convexe, très-finement pointillé, d'un noir brillant, avec les élytres un peu moins foncées ; revêtu d'une très-fine pubescence cendrée, courte, couchée et peu serrée.

Tête à peine plus large que la moitié de la base du prothorax, très-finement pubescente, très-finement et densement pointillée, d'un noir assez brillant. *Front* large, à peine convexe. *Epistome* convexe, presque lisse. *Labre* subconvexe, d'un roux de poix, légèrement cilié en avant. *Parties de la bouche* d'un testacé de poix, avec le *pénultième article des palpes maxillaires* plus obscur.

Yeux subarrondis, noirs.

Antennes aussi longues environ que la tête et le prothorax réunis ; très-finement duveteuses et en outre distinctement pilosellées surtout vers le sommet de chaque article ; d'une couleur de poix testacée, avec la massue plus obscure ; à 1er article oblong, subépaissi en massue : le 2e à peine épaissi, suballongé, obconique, un peu plus long que le précédent : le 3e à 5e petits, graduellement un peu plus épais : le 3e un peu moins court que le 4e : celui-ci et le 5e subglobuleux : le 6e subtransverse, un peu plus épais que le 5e, formant avec les suivants une massue graduée, allongée ou même très-allongée : le 7e médiocrement, les 8e et 9e assez fortement transverses : le dernier assez épais, à peine égal aux 2 précédents réunis, courtement ovalaire, presque mousse au sommet.

Prothorax fortement transverse, presque 2 fois aussi large à sa base que long dans son milieu ; fortement rétréci en avant ; tronqué au sommet, avec les angles antérieurs infléchis et étroitement arrondis ; subarqué sur les côtés ; un peu moins large en arrière que les élytres ; largement et régulièrement arrondi à sa base, avec celle-ci nullement sinuée près des angles postérieurs qui sont obtus et arrondis ; légèrement convexe ; très-finement et subéparsement pubescent ; très-finement pointillé, avec la ponctuation moins serrée que celle de la tête ; entièrement d'un noir brillant.

Ecusson en partie caché, presque lisse, d'un noir brillant.

Elytres formant ensemble un carré sensiblement transverse, presque 2 fois aussi longues que le prothorax ; à peine plus larges en arrière qu'en avant ; très-faiblement arquées en arrière sur les côtés ; peu convexes sur leur disque ; à peine impressionnées sur la suture derrière l'écusson ; très-finement et subéparsement pubescentes ; finement et densement pointillées, avec la ponctuation subruguleuse, plus distincte et plus serrée que celle du prothorax ; entièrement d'un brun de poix brillant ou d'un châtain très-foncé, mais, en tous cas, d'une couleur moins noire que le reste du corps. *Epaules* à peine saillantes, étroitement arrondies.

Abdomen médiocrement allongé, presque aussi large à sa base que les élytres, de 2 à 3 fois plus prolongé que celles-ci ; subarqué sur ses côtés et puis subatténué vers son extrémité à partir du sommet du 4e segment ; faiblement convexe vers sa base, un peu plus fortement en arrière ; très-finement et subéparsement pubescent ; offrant en outre, sur les côtés, surtout à chaque insersection, une soie obscure et assez longue ; très-finement et densement pointillé, avec la ponctuation un peu plus distincte, un peu plus écartée et subrâpeuse sur le 5e segment ; d'un noir brillant, avec le sommet du même segment couleur de poix. *Le* 1er en majeure partie recouvert : *les* 3 *premiers* légèrement, le 4e à peine sillonnés en travers à leur base : le 5e beaucoup plus développé que les précédents, légèrement cilié sur les côtés, largement et obtusément tronqué et muni à son bord apical d'une fine membrane pâle : le 6e assez saillant, éparsement sétosellé, subaspèrement mais plus densement ponctué que le 5e, obtusément tronqué au sommet : celui de l'armure peu saillant.

Dessous du corps finement pubescent, finement pointillé, d'un noir brillant. *Métasternum* assez convexe. *Ventre* convexe, à 5e arceau à peine plus long que le précédent : le 6e peu saillant, subarrondi au sommet.

Pieds assez courts, finement pointillés, d'un testacé de poix un peu roussâtre. *Cuisses* étroites, à peine atténuées vers leur extrémité. *Tibias* grêles, aussi longs ou presque aussi longs que les cuisses. *Tarses* grêles, finement ciliés ; *les antérieurs* courts ; *les intermédiaires* un peu moins courts ; *les postérieurs* un peu plus développés, beaucoup moins longs que les tibias, à 1er article suballongé, plus long que le suivant : celui-ci et le 3e assez courts, subégaux.

Patrie. Cette espèce rare se trouve dans le Beaujolais, dans les caves.

Obs. Elle se distingue de l'*Oligota apicata* pas sa couleur plus obscure et par la massue des antennes encore plus allongée. Le 5e segment abdominal est plus grand, presque concolore ou à peine couleur de poix à son sommet. Ce dernier caractère la sépare de l'*Oligota xanthopyga* dont elle est bien voisine ; mais la taille paraît un peu plus forte, et les pieds postérieurs ne sont pas rembrunis.

Elle semble différer de l'*Oligota latissima* de Motschulsky (Bull. Mosc. 1856, III, 235 ; Enum. nouv. esp. col. Mosc. 1859, 95, 182), par ses cuisses et ses tibias non rembrunis, et par les bor's latéraux de l'abdomen non saillant en dents de scie. Cette dernière est de la Carniole.

Groupe II. Sous-genre Oligota vraie.

Corps plus ou moins allongé, plus ou moins étroit, sublinéaire, plus ou moins convexe. *Pieds* assez grêles (1).

Obs. Les espèces de ce groupe sont d'une taille moindre et surtout

(1) La lame mésosternale, un peu moins large que dans le sous genre *Logiota*, n'offre aucune trace de carène médiane.

d'une forme moins large et plus convexe que celles du premier. Elles sont assez nombreuses et elle peuvent être classées ainsi :

a. *Le 4e segment abdominal* distinctement impressionné en travers à sa base : *le 5e* subégal au précédent ou à peine plus long. *Massue des antennes* graduée, de 4 articles. *Corps* un peu plus large que dans les espèces suivantes .... *subsericans*.

aa. *Le 4e segment abdominal* nullement impressionné en travers à sa base.

b. *Le 5e segment abdominal* sensiblement ou beaucoup plus développé que le 4e.

c. *Corps* suballongé, assez étroit, subparallèle. *Pubescence* courte et serrée. *Massue des antennes* graduée, de 4 articles. *Elytres* châtaines.

d. *Le 5e segment abdominal* beaucoup plus grand que le 4e, en majeure partie roux ainsi que le 6e..... *inflata*.

dd. *Le 5e segment abdominal* sensiblement plus grand que le 4e, presque concolore ainsi que le 6e .... *picipennis*.

cc. *Corps* allongé, étroit, sublinéaire. *Massue des antennes* brusque, de 3 articles.

e. *Pubescence* courte et serrée. *Corps* d'un noir de poix, avec l'extrémité de l'abdomen largement d'un roux testacé .... *parva*.

ee. *Pubescence* assez courte et peu serrée. *Corps* en majeure partie châtain ou d'un roux testacé..... *aliena*.

bb. *Le 5e segment abdominal* subégal au 4e ou à peine plus grand, parfois roux seulement vers son sommet.

f. *Corps* suballongé, assez étroit, subparallèle.

g. *Massue des antennes* graduée, de 4 articles. *Pubescence* courte et assez serrée. *Abdomen* subparallèle.

h. *Dessus du corps* très-convexe, noir. *Antennes* obscures .... *convexa*.

hh. *Dessus du corps* subconvexe, d'un brun de poix ou châtain. *Antennes* rousses .... *australis*.

gg. *Massue des antennes* assez brusque, de 3 articles.

i. *Pubescence* courte et assez serrée. *Abdomen* subatténué vers son extrémité. *Antennes* légèrement pilosellées, d'un roux de poix avec leur sommet rembruni. *Corps* généralement noir .... *atomaria*.

ii. *Pubescence* assez longue et peu serrée. *Abdomen* subparallèle. *Antennes* assez fortement pilosellées, entièrement rousses. *Corps* d'un brun de poix châtain .... *pilosa*.

ff. *Corps* allongé, étroit sublinéaire. *Massue des antennes* brusque, de 3 articles. *Abdomen* subparallèle.

k. *Base des antennes* et *pieds* obscurs. *Elytres* à peine plus longues que le prothorax. *Tête* un peu moins large que ce dernier........................ *fuscipes.*
kk. *Base des antennes* et *pieds* roux. *Tête* sensiblement moins large que le prothorax.
l. *Elytres* d'un quart plus longues que le prothorax. *Sommet de l'abdomen* d'un roux de poix ..... *pusillima.*
ll. *Elytres* d'un tiers plus longues que le prothorax. *Sommet de l'abdomen* concolore .... *misella.*

5. Oligota subsericans; MULSANT ET REY.

Suballongée ou suboblongue, subparallèle, peu convexe, très-finement et densement pubescente, finement et très-densement pointillée, d'un noir assez brillant avec le sommet de l'abdomen et les antennes couleur de poix, la base de celles-ci et les pieds d'un roux-testacé. Antennes à massue graduée de 4 articles. Prothorax fortement transverse, sensiblement rétréci en avant, subarqué sur les côtés, à peine aussi large en arrière que les élytres, légèrement bissinué à sa base. Elytres transverses, beaucoup plus longues que le prothorax. Abdomen subparallèle, très-densement, uniformément et ruguleusement pointillé, à 5e segment à peine plus long que le 4e : celui-ci impressionné en travers à sa base.

Oligota subsericans. MULSANT ET REY, Op. Ent. XIV, 1870, 190.

Long. 0,0012 (1/2 l.)

Corps suballongé ou suboblong, subparallèle, peu convexe, finement et très-densement pointillé, d'un noir assez brillant; revêtu d'une très-fine pubescence cendrée, soyeuse, très-courte, couchée et serrée.

Tête sensiblement moins large que le prothorax, très-finement pubescente; très-finement, subobsolètement et densement pointillée; d'un noir brillant. *Front* large, subconvexe. *Epistome* assez convexe, à peine pointillé. *Labre* subconvexe, presque lisse, d'un brun de poix. *Parties de la bouche* obscures ou couleur de poix.

Yeux subarrondis, noirs.

Antennes évidemment moins longues que la tête et le prothorax réunis; très-finement duveteuses et en outre à peine pilosellées vers le sommet de chaque article; couleur de poix ou d'un roux obscur avec les 2 premiers articles d'un roux testacé : ceux-ci oblongs, subépaissis : le 1er subcylindrique : le 2e en massue, à peine plus long que le 1er : les 3e à 7e petits, peu contigus, graduellement un peu plus épais : le 3e beaucoup moins large et beaucoup plus grêle que le 2e, à peine oblong, un peu moins court que les suivants : le 6e subtransverse : le 7e transverse, à peine moins épais que les suivants avec lesquels il forme comme une massue graduée et allongée : les 8e et 9e fortement transverses, subégaux : le dernier un peu moins long que les 2 précédents réunis, courtement ovalaire, mousse au sommet.

Prothorax fortement transverse, environ 2 fois aussi large que long; sensiblement plus étroit en avant; tronqué au sommet avec les angles antérieurs infléchis et subarrondis; subarqué sur les côtés; à peine aussi large en arrière que les élytres; largement arrondi à sa base avec celle-ci légèrement sinuée de chaque côté près des angles postérieurs qui sont presque droits et à peine émoussés; sensiblement convexe sur son disque; très-finement pubescent; très-finement, subobsolètement et très-densement pointillé; entièrement d'un noir brillant.

Ecusson en majeure partie caché, noir.

Elytres formant ensemble un carré sensiblement transverse; presque 2 fois aussi longues que le prothorax; subparallèles et presque subrectilignes sur leurs côtés ou parfois à peine arquées sur ceux-ci; peu convexes sur leur disque, légèrement impressionnées sur la suture derrière l'écusson; très-finement et densement pubescentes; finement et très-densement pointillées avec la ponctuation évidemment plus forte que celle du prothorax; entièrement d'un noir assez brillant. *Epaules* à peine saillantes.

Abdomen peu allongé, presque aussi large à sa base que les élytres, de 2 fois à 2 fois 1/2 plus prolongé que celles-ci; subparallèle sur ses côtés ou à peine atténué tout à fait vers son extrémité après le sommet du 4e segment; faiblement convexe vers sa base, un peu plus sensiblement en arrière; très-finement et densement pubescent; finement et très-densement pointillé avec la ponctuation très-uniforme et un peu ruguleuse; d'un noir assez brillant avec le sommet du 5e segment à peine et le 6e entièrement couleur de poix. *Le* 1er en majeure partie découvert, *les* 2e *à* 4e légèrement mais distinctement sillonnés en travers à leur base : le 4e subégal au précédent : le 5e à peine plus long que le 4e, largement et bissinueusement tronqué et muni à son bord apical d'une très-fine membrane pâle : le 6e à peine saillant, obtusément (♂) arrondi et finement cilié à son sommet : celui de l'armure caché.

Dessous du corps très-finement et assez densement pubescent; finement et densement pointillé ; d'un noir de poix assez brillant avec le sommet du ventre moins foncé. *Métasternum* assez convexe. *Ventre* convexe, à 5e arceau subégal au précédent ou à peine plus long : le 6e peu saillant, fortement arrondi au sommet, un peu plus prolongé (♂) que le segment abdominal correspondant.

Pieds assez courts, finement pubescents, légèrement pointillés, d'un roux-testacé assez brillant. *Cuisses* étroites, à peine atténuées vers leur extrémité. *Tibias* grêles, aussi longs ou presque aussi longs que les cuisses. *Tarses* grêles, finement ciliés ; *les antérieurs* courts, *les intermédiaires* un peu moins courts; *les postérieurs* un peu plus développés, sensiblement moins longs que les tibias, à 1er article suballongé, plus long que le suivant : celui-ci et le 3e assez courts, subégaux.

Patrie. Cette espèce, qui est très-rare, a été trouvée dans le Beaujolais, au mois de janvier, parmi les débris végétaux accumulés dans les prairies par les débordements de la Saône.

Obs. Elle diffère des espèces du sous-genre *Logiota* par sa taille à peine moindre, par sa couleur presque entièrement noire et par sa pubescence plus courte et plus serrée ; surtout, le 5e segment abdominal est beaucoup moins grand, et le 4e est visiblement sillonné ou impressionné en travers à sa base. La ponctuation générale est plus serrée, etc. Cette espèce fait naturellement passage des *Logiotes* aux *Oligotes* vraies. Elle est un peu moins large que les premières, un peu plus que les dernières.

Elle se distingue suffisamment des *Oligota pusillima*, *atomaria*, *inflata* et *parva*, etc., par sa taille plus grande, par sa forme plus large, par sa pubescence plus serrée ; par la massue des antennes plus allongée ; par les angles du prothorax plus droits ; par ses élytres plus longues et moins convexes ; par son abdomen également moins convexe, plus distinctement, plus densement et ruguleusement ponctué. Les tibias paraissent aussi un peu plus grêles et plus longs, etc.

6. Oligota inflata ; Mannerheim.

Suballongée, assez étroite, subparallèle, subconvexe, très-finement et très-densement pointillée, d'un noir assez brillant, avec les élytres d'un brun châtain, l'extrémité de l'abdomen largement d'un roux assez vif, la base des antennes et les pieds d'un roux testacé. Antennes à massue graduée de 4 articles. Prothorax fortement transverse, fortement rétréci en avant, subarqué sur les côtés, à peine aussi large en arrière que les élytres, non bissinué à sa base. Elytres transverses, sensiblement plus longues que le prothorax. Abdomen subparallèle, très-densement et uniformément pointillé, à 5e segment beaucoup plus grand que le 4e.

Oligota inflata, Mannerheim, Brach. 72. — Fairmaire et Laboulbène, Faun. Ent. Fr. I, 453, 3. — Kraatz, Ins. Deut. II, 348, 3.
Oligota subtilis, Erichson, Col. March. I, 364, 3 ; —Gen. et Spec. Staph. 180, 3. — Heer, Faun. Col. Helv. I, 313, 2. — Redtenbacher, Faun. Austr. 823.

Long. 0,0012 (1/2 l.)

Corps suballongé, assez étroit, subparallèle, subconvexe, très-finement et densement pointillé ; revêtu d'une très-fine pubescence cendrée, courte, couchée et serrée.

Tête sensiblement moins large que le prothorax, très-légèrement pubescente, très-finement et très-densement pointillée, d'un noir brillant. *Front* large, subconvexe. *Epistome* convexe, presque lisse. *Labre* subconvexe, presque lisse, d'un noir de poix ou parfois roussâtre, très-finement cilié en avant. *Parties de la bouche* d'un roux de poix, avec le *pénultième article des palpes maxillaires* plus ou moins rembruni.

Yeux subarrondis, noirs.

Antennes un peu plus courtes que la tête et le prothorax réunis; très-finement duveteuses et, en outre, très-légèrement pilosellées vers le sommet de chaque article : d'un roux testacé, avec l'extrémité rembrunie dès le 6e ou 7e article : les 2 premiers oblongs, subégaux, subépaissis : le 1er subelliptique, le 2e obconique : les 3e à 7e petits, peu contigus : le 3e beaucoup plus court et plus étroit que le 2e, à peine plus long que le 4e : les 4e à 7e graduellement un peu plus courts et un peu plus épais : les 6e et 7e transverses : le 7e un peu moins large que les suivants, avec lesquels il forme comme une massue graduée et suballongée : les 8e et 9e fortement transverses : le dernier à peine égal aux 2 précédents réunis, courtement ovalaire, obtus au sommet.

Prothorax fortement transverse, presque 2 fois aussi large que long; fortement rétréci en avant ; tronqué au sommet, avec les angles antérieurs fortement infléchis et à peine arrondis ; subarqué sur les côtés ; à peine aussi large en arrière que les élytres ; légèrement arrondi à sa base, avec celle-ci non visiblement sinuée de chaque côté vers les angles postérieurs qui sont obtus et subarrondis ; assez convexe ; très-finement et densement pubescent ; très-finement et très-densement pointillé ; d'un noir assez brillant avec les côtés d'une couleur de poix parfois un peu roussâtre.

Ecusson en partie caché, presque glabre, presque lisse, d'un noir assez brillant.

Elytres formant ensemble un carré assez fortement transverse ; sensiblement plus longues que le prothorax ; subparallèles et presque subrectilignes sur leurs côtés ; faiblement convexes, parfois subimpressionnés sur la suture derrière l'écusson ; très-finement et densement pubescentes ; très-finement et très-densement pointillées, avec la ponctuation néanmoins un peu moins fine que celle du prothorax ; entièrement d'un brun châtain assez brillant et quelquefois un peu roussâtre. *Epaules* à peine saillantes.

Abdomen peu allongé, presque aussi large à sa base que les élytres, 2 fois et demie environ plus prolongé que celles-ci ; subparallèle sur ses côtés ou à peine atténué vers son extrémité ; assez convexe vers sa base, plus fortement en arrière ; très-finement et densement pubescent, avec la pubescence à peine plus longue que celle des élytres ;

très-finement et très-densement pointillé, avec la ponctuation non ruguleuse; d'un noir assez brillant, avec au moins la moitié postérieure du 5e segment et le 6e d'un roux assez vif. *Le* 1er en partie recouvert, *les* 2e *et* 3e à peine impressionnés en travers à leur base : le 5e beaucoup plus grand que le précédent, largement et obtusément tronqué et muni à son bord apical d'une fine membrane pâle, tranchant sur le roux : le 6e peu saillant, obtusément arrondi au sommet : celui de l'armure caché.

Dessous du corps finement pubescent, finement et densement pointillé, d'un noir brillant, avec l'extrémité du ventre largement d'un roux assez vif. *Métasternum* subconvexe. *Ventre* convexe, à 5e arceau un peu plus grand que le précédent : le 6e peu saillant, arrondi au sommet.

Pieds assez courts, légèrement pubescents, légèrement pointillés, d'un roux assez brillant et plus ou moins testacé. *Cuisses* assez étroites, subatténuées vers leur extrémité. *Tibias* assez grêles ; *les postérieurs* aussi longs que les cuisses. *Tarses* grêles, légèrement ciliés ; *les antérieurs* courts, *les intermédiaires* à peine moins courts ; *les postérieurs* un peu plus développés, sensiblement moins longs que les tibias, à 1er article auballongé, presque aussi long que les deux suivants réunis: ceux-ci assez courts, subégaux.

Patrie. Cette espèce est rare. Elle se trouve dans la France orientale, aux environs de Lyon et dans le Beaujolais, sur les coteaux exposés au soleil, parmi les feuilles mortes ou autres débris végétaux entremêlés de sable ou de terre fine. Elle est aussi citée des environs de Lille, etc.

Obs. Le corps est un peu moins large, moins ovalaire, un peu plus linéaire, un peu plus convexe que chez toutes les espèces du sous-genre *Logiota*.

Cette espèce diffère de l *Oligota pusillima* par sa forme un peu plus large, de l'*Oligota atomaria* par la couleur plus claire des élytres et surtout de l'extrémité de l'abdomen. De plus, la massue des antennes paraît formée de 4 articles.

Les élytres sont parfois d'un châtain un peu roussâtre, et l'extrémité de l'abdomen d'un roux testacé.

7 Oligota picipennis ; MULSANT et REY.

Suballongée, assez étroite, subparallèle, subconvexe, très-finement et densement pubescente, très-finement et densement pointillée, d'un noir assez brillant, avec les élytres d'un brun châtain, le sommet de l'abdomen couleur de poix, la base des antennes et les pieds d'un roux ferrugineux. Antennes à massue graduée de 4 articles. Prothorax très-fortement transverse, fortement rétréci en avant, subarqué sur les côtés, aussi large en arrière que les élytres, à peine bissinué à sa base. Elytres fortement transverses, beaucoup plus longues que le prothorax. Abdomen subparallèle densement et uniformément pointillé, à 5e segment sensiblement plus grand que le 4e.

Long. 0,0012 (1/2 l.).

Corps suballongé, assez étroit, subparallèle, subconvexe, très-finement et densement pointillé ; revêtu d'une très-fine pubescence cendrée, courte, couchée et serrée.

Tête beaucoup moins large que la base du prothorax, légèrement pubescente, très-finement, légèrement et densement pointillée, d'un noir brillant. *Front* large, subconvexe. *Epistome* convexe, presque lisse. *Labre* subconvexe, subruguleux, d'un roux de poix. *Parties de la bouche* d'un roux ferrugineux ou subtestacé, avec le *pénultième article des palpes maxillaires* plus obscur.

Yeux subarrondis, noirs.

Antennes un peu plus courtes que le tête et le prothorax réunis ; très-finement duveteuses et en outre très-légèrement pilosellées vers le sommet de chaque article : d'un roux ferrugineux, avec la massue rembrunie ; les 2 premiers articles oblongs, subégaux, visiblement épaissis : le 3e oblong, beaucoup plus court et plus grêle que le 2e : les 4e à 6e petits, peu contigus : les 4e et 5e subglobuleux ; le 6e à peine plus épais, subtransverse : le 7e transverse, formant avec les suivants une massue graduée et assez allongée : les 8e et 9e fortement transverses : le dernier subégal aux 2 précédents réunis, courtement ovalaire, mousse au sommet.

Prothorax très-fortement transverse, 2 fois aussi large à sa base que long dans son milieu ; fortement rétréci en avant ; tronqué au sommet, avec les angles antérieurs fortement infléchis et subarrondis ; subarqué sur les côtés ; aussi large ou presque aussi large en arrière que les élytres ; largement arrondi à sa base, avec celle-ci à peine visiblement sinuée de chaque côté près des angles postérieurs, qui sont obtus et subarrondis ; assez ou même sensiblement convexe sur son disque ; très-finement et densement pubescent ; très-finement, légèrement et densement pointillé ; entièrement d'un noir brillant ou assez brillant.

Ecusson en partie caché, presque lisse et d'un noir brillant dans sa partie postérieure.

Elytres formant ensemble un carré fortement transverse, presque 2 fois aussi longues que le prothorax ; un peu plus larges en arrière qu'en avant et presque subrectilignes ou à peine arquées sur les côtés ; faiblement convexes sur leur disque, à peine impressionnées sur la suture derrière l'écusson ; très-finement et densement pubescentes ; très-finement et densement pointillées, avec la ponctuation subruguleuse, un peu moins fine et à peine plus serrée que celle du prothorax ; entièrement d'un brun châtain assez brillant, avec la région scutellaire parfois un peu rembrunie. *Epaules* non saillantes.

Abdomen peu allongé, presque aussi large à sa base que les élytres, environ 2 fois plus prolongé que celles-ci ; subparallèle ou à peine arqué sur ses côtés ; faiblement convexe vers sa base, un peu plus fortement en arrière ; très finement et assez densement pubescent, avec la pubescence un peu plus longue et un peu moins serrée que celle du prothorax ; finement, densement, subruguleusement et uniformément pointillé ; d'un noir assez brillant, avec le sommet du 5e segment et le 6e à peine moins foncés ou couleur de poix. *Les 3 premiers segments* légèrement mais visiblement impressionnés en travers à leur base : le 1er assez découvert : le 5e sensiblement plus grand que le 4e, largement tronqué et muni à son bord apical d'une très-fine membrane pâle : le 6e assez saillant, plus ou moins obtusément arrondi au sommet : celui de l'armure parfois distinct.

Dessous du corps très-finement pubescent, finement pointillé, d'un noir assez brillant, avec le sommet du ventre à peine moins foncé. *Métasternum* assez convexe. *Ventre* convexe, à 5e arceau subégal aux précédents : le 6e un peu saillant, plus ou moins arrondi au sommet.

Pieds assez courts, légèrement pubescents, légèrement pointillés, d'un roux ferrugineux brillant, avec les hanches plus obscures. *Cuisses* assez étroites, presque sublinéaires. *Tibias* assez grêles ; *les postérieurs* aussi longs que les cuisses. *Tarses* grêles, légèrement ciliés en dessous ; *les antérieurs* courts, *les intermédiaires* un peu moins courts ; *les postérieurs* suballongés, sensiblement moins longs que les tibias, à 1er article suballongé, presque aussi long que les 2 suivants réunis, ceux-ci courts, subégaux.

Patrie. Cette espèce est rare. Elle a été prise dans le Beaujolais, dans les inondations de petits ruisseaux.

Obs. Elle ressemble extrêmement à l'*Oligota inflata*. Elle en diffère principalement par le 5e segment abdominal un peu moins développé, presque entièrement noir ainsi que le 6e. En outre, le prothorax est plus court, plus large en arrière, plus convexe, entièrement noir et ne devenant pas moins foncé sur les côtés. Les élytres, un peu plus fortement transverses, sont moins parallèles ou visiblement un peu plus larges en arrière qu'en avant. La pubescence de l'abdomen est un peu plus longue et un peu moins serrée, et sa ponctuation un peu moins fine et plus rugueuse, etc.

Nous en avons vu plusieurs échantillons identiques.

8. **Oligota parva** ; Kraatz.

Allongée, étroite sublinéaire, subconvexe, très-finement et densement pubescente, très-finement et très-densement pointillée, d'un noir brillant, avec l'extrémité de l'abdomen largement d'un roux testacé, la base des antennes et les pieds testacés. Antennes à massue brusque de 3 articles. Prothorax fortement transverse, fortement rétréci en avant, subarqué sur les côtes, aussi large en arrière que les élytres, non bissinué à sa base. Ely-

tres transverses, sensiblement plus longues que le prothorax. Abdomen subparallèle, très-finement et uniformément pointillé, à 5e segment sensiblement plus grand que le 4e.

Oligota pygmaea, KRAATZ, Berl. Zeit, 1858, II, 352, 4.
Oligota parva, KRAATZ, Berl. Zeit. 1862, 300.

Long. 0,0011 (1/2 l.)

Corps allongé, étroit, sublinéaire, subconvexe, très-finement et très-densement pointillé; revêtu d'une très-fine pubescence cendrée, courte, couchée et serrée.

Tête beaucoup moins large que la base du prothorax, très-finement pubescente, très-finement et très-densement pointillée, d'un noir brillant. *Front* large, subconvexe. *Epistome* convexe, presque lisse. *Labre* subconvexe, presque lisse, d'un roux de poix. *Parties de la bouche* testacées, avec le *pénultième article des palpes maxillaires* plus obscur.

Yeux subarrondis, noirs.

Antennes évidemment plus courtes que la tête et le prothorax réunis; très-finement duveteuses et, en outre, très-légèrement pilosellées vers le sommet de chaque article; obscures, avec les 3 ou 4 premiers articles testacés : les 2 premiers oblongs, subégaux, subépaissis : les 3e à 7e petits, formant ensemble une tige assez grêle : le 3e oblong, le 4e subglobuleux, les 5e et 6e subtransverses : le 7e transverse, un peu plus épais que le précédent, sensiblement moins épais que les suivants : les 8e et 9e fortement transverses : le dernier subégal aux 2 précédents réunis, courtement subovalaire, mousse au sommet.

Prothorax fortement transverse, environ 1 fois et deux tiers aussi large à sa base que long dans son milieu; fortement rétréci en avant; tronqué au sommet avec les angles antérieurs fortement infléchis et subarrondis; subarqué sur les côtés; aussi large en arrière que les élytres; largement et assez régulièrement arrondi à sa base, avec celle-ci non visiblement sinuée de chaque côté près des angles postérieurs, qui sont obtus et subarrondis; assez convexe sur son disque; très-finement et densement pubescent; très-finement et très-densement pointillé; entièrement d'un noir brillant.

Ecusson presque entièrement caché, d'un noir brillant.

Elytres formant ensemble un carré médiocrement ou même assez fortement transverse; sensiblement plus longues que le prothorax; subparallèles et presque subrectilignes ou à peine arquées sur leurs côtés; faiblement convexes sur leur disque, subimpressionnées sur la suture derrière l'écusson; très-finement et densement pubescentes; très-finement et très-densement pointillées, avec la ponctuation subrugueuse et un peu moins fine que celle du prothorax; entièrement d'un noir brillant. *Epaules* non saillantes.

Abdomen peu allongé, presque aussi large à sa base que les élytres, environ 2 fois et un quart plus prolongé que celles-ci; subparallèle ou à peine arqué sur ses côtés; subconvexe vers sa base, plus fortement en arrière; très-finement et densement pubescent; très-finement, très-densement et uniformément pointillé; d'un noir brillant avec la moitié postérieure au moins du 5e segment et le 6e entièrement d'un roux fauve ou testacé. *Les* 3 *premiers* légèrement ou à peine impressionnés en travers à leur base : le 5e sensiblement plus grand que le 4e, largement tronqué et muni à son bord apical d'une fine membrane pâle : le 6e peu saillant, subarrondi au sommet : celui de l'armure parfois distinct.

Dessous du corps très-finement pubescent, très-finement pointillé, d'un noir brillant, avec le mésosternum d'un roux de poix, et l'extrémité du ventre largement d'un roux fauve, assez vif ou testacé. *Métasternum* assez convexe. *Ventre* convexe, à 5e arceau subégal au précédent : le 6e légèrement saillant, plus ou moins arrondi et finement cilié à son bord postérieur.

Pieds assez courts, légèrement pubescents, légèrement pointillés, d'un testacé assez brillant, avec les hanches postérieures à peine plus foncées. *Cuisses* assez étroites, à peine atténuées vers leur extrémité. *Tibias* assez grêles; *les postérieurs* aussi longs que les cuisses. *Tarses* grêles, légèrement ciliés en dessous; *les antérieurs* courts, *les intermédiaires* un peu moins courts; *les postérieurs* plus allongés, sensiblement moins longs que les tibias, à 1er article suballongé, subégal aux 2 suivants réunis, ceux-ci courts, subégaux.

Patrie. Cette espèce est très-rare. Elle a été trouvée dans la Normandie, et aussi dans les environs de Lyon, parmi les détritus charriés par le Rhône.

Obs. Elle s'éloigne des *Oligota inflata* et *picipennis* par sa taille un peu moindre; par sa forme plus allongée, plus étroite et plus linéaire; par la massue des antennes plus brusque et formée seulement de 3 articles.

Les élytres sont plus obscures, et le 5e segment abdominal est moins développé que dans l'*Oligota inflata*.

Les élytres sont également plus foncées que dans l'*Oligota picipennis*. La ponctuation générale, surtout celle de l'abdomen, est un peu plus fine et plus serrée ; la pubescence de ce dernier est plus courte et plus dense, et son extrémité est d'une couleur beaucoup plus claire, etc.

M. Kraatz a dû changer sa dénomination primitive de *pygmaea*, déjà employée par Solier pour une espèce du Chili.

9. **Oligota aliena**, Mulsant et Rey.

Allongée, étroite, sublinéaire, assez convexe, très finement et subéparsement pubescente, très-finement et densement pointillée, d'un noir de poix brillant, avec les élytres et le prothorax moins foncés, les côtés de celui-ci, le dessous des épaules et l'extrémité de l'abdomen largement d'un roux plus ou moins vif, la bouche, la base des antennes et les pieds testacés. Antennes à massue assez brusque de 3 articles. Prothorax assez fortement transverse, sensiblement rétréci en avant, à peine arqué sur les côtés, aussi large en arrière que les élytres, non bissinué vers sa base. Elytres assez fortement transverses, un peu plus longues que le prothorax. Abdomen subparallèle, uniformément pointillé, à 5e segment beaucoup plus grand que le 4e.

Variété a. Dessus du corps d'un roux-châtain plus ou moins clair, avec la tête et une ceinture abdominale rembrunies, le pourtour du prothorax, les épaules, la suture et le bord apical des élytres d'un roux testacé, et l'extrémité de l'abdomen largement d'un roux-flave.

Long. 0,0011 (1/2 l.)

Corps allongé, étroit, sublinéaire, assez convexe, très-finement et densement pointillé; roux ou châtain avec l'extrémité de l'abdomen d'un roux flave ou testacé; revêtu d'une très-fine pubescence cendrée, courte, couchée et peu serrée.

Tête un peu moins large que le prothorax, à peine pubescente, très-finement et densement pointillée, d'un noir de poix brillant. *Front* large, subconvexe. *Epistome* convexe, obsolètement pointillé, roussâtre vers son extrémité. *Labre* subconvexe, d'un roux brillant. *Parties de la bouche* testacées.

Yeux subarrondis, noirs.

Antennes un peu moins longues que la tête et le prothorax réunis; très-finement duveteuses et en outre à peine pilosellées vers le sommet de chaque article; testacées avec l'extrémité plus ou moins rembrunie : les 2 premiers articles oblongs, subégaux, sensiblement épaissis, sub-cylindriques : les 3e à 7e petits, peu contigus : le 4e beaucoup plus court et plus grêle que le 3e, un peu plus long que les suivants : ceux-ci courts, graduellement un peu plus épais : le 7e subtransverse, évidemment moins large que le 8e : les 8e à 10e formant ensemble une massue assez brusque et oblongue : les 8e et 9e fortement transverses : le dernier presque aussi long que les 2 précédents réunis, courtement ovalaire, mousse au sommet.

Prothorax assez fortement transverse, une fois et demie ou une fois et deux tiers aussi large à sa base que long dans son milieu; sensiblement rétréci en avant; tronqué au sommet, avec les angles antérieurs fortement infléchis ou même un peu réfléchis en dessous et à peine arrondis; à peine arqué sur les côtés; aussi large en arrière que les élytres; très-légèrement arrondi à sa base, avec celle-ci non visiblement sinuée de chaque côté vers les angles postérieurs, qui sont obtus et arrondis; passablement convexe sur son disque; très-finement pubescent; très-finement, légèrement et densement pointillé; d'un brun de poix brillant, avec les côtés graduellement et plus ou moins largement d'un roux assez clair.

Ecusson en partie caché, noir ou brûnâtre.

Elytres formant ensemble un carré assez fortement ou même fortement transverse; un peu plus longues que le prothorax ; subparallèles et presque subrectilignes sur leurs côtés; légèrement convexes; très-finement et légèrement pubescentes ; finement et densement pointillées, avec la ponctuation un peu plus forte que celle du prothorax; d'un brun de poix brillant et un peu châtain, avec la région sous-humérale d'un roux plus ou moins clair. *Epaules* non saillantes.

Abdomen suballongé, presque aussi large à sa base que les élytres, de 2 à 3 fois plus prolongé que celles-ci ; subparallèle sur ses côtés ou à peine atténué vers son extrémité; assez convexe en dessus dès sa base ; très-finement pubescent, avec la pubescence peu serrée, mais un peu plus longue que celle des élytres ; très-finement, légèrement et densement pointillé; d'un noir de poix assez brillant avec la majeure partie du 5e segment et le 6e d'un roux plus ou moins vif. *Les 2e et 3e* à peine impressionnés en travers à leur base : le 1er en partie recouvert : le 5e beaucoup plus développé que le 4e, largement tronqué et muni à son bord apical d'une fine membrane pâle : le 6e peu saillant, obstusément arrondi au sommet : celui de l'armure parfois distinct, pubescent.

Dessous du corps très-finement pubescent, très-finement pointillé, d'un noir de poix brillant, avec les 5e et 6e arceaux du ventre d'un roux vif. *Métasternum* subconvexe. *Ventre* convexe, à 6e arceau peu saillant, plus ou moins arrondi au sommet.

Pieds assez courts, légèrement pubescents, à peine pointillés, d'un testacé assez brillant. *Cuisses* presque linéaires, à peine atténuées vers leur extrémité. *Tibias* assez grêles : *les postérieurs* aussi longs que les cuisses. *Tarses* très-grêles, très-finement ciliés ; *les antérieurs* courts, *les intermédiaires* à peine moins courts ; *les postérieurs* un peu plus allongés, sensiblement moins longs que les tibias, à 1er article allongé, subégal aux 2 suivants réunis, ceux-ci assez courts, subégaux.

Patrie. Cette espèce se trouve parmi les denrées coloniales. M. Valery Mayet l'a capturée à Cette, parmi des arachides venant du Sénégal.

Obs. Elle se distingue de l'*Oligota parva* par sa couleur plus claire, et par sa pubescence moins courte et moins serrée.

Outre la coloration, elle diffère abondamment de l'*Oligota pusillima* dont elle a la forme et la taille. Par exemple, le prothorax paraît plus rétréci antérieurement et moins arqué sur les côtés ; il est aussi un peu moins convexe, un peu moins court et plus légèrement pointillé. Les élytres sont un peu moins convexes et à peine moins transverses. L'abdomen offre son 5e segment beaucoup plus développé. Enfin les tarses sont plus grêles, avec le 1er article des postérieurs plus allongé.

Elle varie pour la couleur, qui passe du brun de poix au roux châtain plus ou moins clair, avec la tête restant plus foncée, et l'extrémité de l'abdomen toujours parée d'une large ceinture d'un roux flave et vif. Cette variété doit ressembler à l'*Oligota picta* de Motschulsky (Bull. Mosc. 1858, III, 236), espèce d'Egypte; mais, dans notre espèce, la tête reste toujours obscure, et le prothorax paraîtrait moins large?

10. Oligota convexa; Mulsant et Rey.

Suballongée, assez étroite, subparallèle, fortement convexe, très-finement, brièvement et assez densement pubescente, finement et densement pointillée, d'un noir brillant, avec les antennes obscures et les pieds roux. Antennes à massue graduée de 4 articles. Prothorax fortement transverse, un peu rétréci en avant, subarqué sur les côtés, aussi large en arrière que les élytres, faiblement bissinué à sa base. Elytres fortement transverses, sensiblement plus longues que le prothorax, plus fortement ponctuées que celui-ci. Abdomen subparallèle, convexe, densement pointillé, à 5e segment subégal au 4e.

Long. 0,0011 (1/2 l.)

Corps suballongé, assez étroit, subparallèle, fortement convexe, presque subcylindrique, finement et densement pointillé, d'un noir brillant; revêtu d'une très-fine pubescence cendrée, courte, couchée et assez serrée.

Tête un peu moins large que le prothorax, très-finement pubescente, légèrement et densement pointillée, d'un noir brillant. *Front* large, assez convexe. *Epistome* convexe, lisse. *Labre* assez convexe, lisse, noir, finement cilié en avant. *Parties de la bouche* d'un roux de poix plus ou moins foncé.

Yeux subarrondis, noirs.

Antennes évidemment plus courtes que la tête et le prothorax réunis; très-finement duveteuses et en outre légèrement mais distinctement pilosellées surtout vers le sommet de chaque article; obscures ou couleur de poix, avec la base à peine plus claire : les 2 premiers articles oblongs, subégaux, subépaissis en massue : le 3e petit, subglobuleux, beaucoup plus court et plus grêle que le 2e, un peu moins court que le 4e : les 4e à 6e très-petits et courts : le 7e transverse, un peu plus épais que le 6e mais un peu moins que le 8e, formant avec les suivants une massue graduée et suballongée : le dernier égal aux 2 précédents réunis, subovalaire, obtus au sommet.

Prothorax fortement transverse, presque 2 fois aussi large que long; un peu rétréci en avant; tronqué au sommet, avec les angles antérieurs infléchis, presque droits et non arrondis; subarqué sur les côtés; aussi large en arrière que les élytres; largement arrondi à sa base, avec celle-ci faiblement ou à peine sinuée de chaque côté près des angles postérieurs, qui sont obtus et subarrondis; fortement convexe sur son disque; très-finement et assez densement pubescent; très-finement, légèrement et densement pointillé : entièrement d'un noir brillant.

Ecusson presque entièrement caché, noir.

Elytres formant ensemble un carré fortement transverse; sensiblement plus longues que le prothorax : subparallèles et subrectilignes sur leurs côtés; sensiblement convexes; très-finement et assez densement pubescentes; assez finement et densement pointillées, avec la ponctuation subrâpeuse et visiblement plus forte que celle du prothorax, plus fine et plus serrée vers la base; entièrement d'un noir brillant. *Epaules* nullement saillantes.

Abdomen peu allongé, aussi large ou presque aussi large à sa base que les élytres; de 2 fois à 2 fois et demie plus prolongé que celles-ci; subparallèle sur ses côtés : convexe vers sa base, plus fortement vers son extrémité; très-finement et assez densement pubescent; très-finement, densement et distinctement pointillé, avec la ponctuation un peu plus écartée vers le bord apical de chaque segment; d'un noir brillant, avec le sommet du 5e segment et le 6e à peine moins foncés ou couleur de poix. *Les 2e et 3e* légèrement sillonnés en travers à leur base : le 1er un peu recouvert : le 5e subégal au 4e, largement et obtusément tronqué et muni à son bord apical d'une très-fine membrane pâle : le 6e à peine saillant, obtusément arrondi et soyeusement cilié à son sommet : celui de l'armure caché.

Dessous du corps très-finement pubescent, finement et densement pointillé, d'un noir brillant. *Métasternum* assez convexe. *Ventre* convexe, à 5e arceau subégal aux précédents : le 6e peu saillant, arrondi au sommet.

Pieds assez courts, très-finement pubescents, légèrement pointillés, d'un roux brillant. *Cuisses* étroites, à peine atténuées vers leur extrémité. *Tibias* assez grêles, *les postérieurs* aussi longs que les cuisses. *Tarses* grêles, finement ciliés; *les antérieurs* courts; *les intermédiaires* à peine moins courts; *les postérieurs* un peu plus développés, sensiblement moins longs que les tibias, à 1er article suballongé, plus long que le suivant, celui-ci et le 3e assez courts, subégaux.

Patrie. Cette espèce est très-rare. Elle a été prise aux environs d'Hyères, en Provence.

Obs. Elle est remarquable par sa couleur d'un beau noir brillant; par sa forme convexe, subparallèle et presque subcylindrique; par ses antennes assez obscures.

Un autre caractère particulier à cette espèce, c'est d'avoir le 5e segment de l'abdomen presque aussi fortement rebordé que les précédents, ce qui résulte de ce que l'abdomen n'est nullement ou à peine atténué en arrière (1).

(1) Il est bon de remarquer ici que, dans ce genre comme dans beaucoup d'autres, lorsque l'abdomen se rétrécit dans sa partie postérieure, ce rétrécissement s'opère souvent aux dépens du rebord latéral, qui devient graduellement plus étroit dans les derniers segments, tandis que la partie dorsale, comprise entre les deux rebords, reste ordinairement parallèle ou subparallèle.

11. Oligota australis; MULSANT et REY.

Suballongée, assez étroite, subparallèle, subconvexe, très-finement et assez densement pubescente, très-finement et densement pointillée, d'un brun de poix châtain, avec la tête et l'abdomen noirs, l'extrémité de celui-ci d'un roux de poix, la bouche, les antennes et les pieds roux. Antennes à massue graduée de 4 articles. Prothorax fortement transverse, sensiblement rétréci en avant, subarqué sur les côtés, à peine moins large en arrière que les élytres, légèrement bissinué à la base. Elytres assez fortement transverses, beaucoup plus longues que le prothorax. Abdomen subparallèle, finement pointillé, moins densement vers le sommet du 5e segment, celui-ci subégal au 4e.

Long. 0,0012 (1/2 l.).

Corps suballongé, assez étroit, subparallèle, subconvexe, très-finement et densement pointillé ; d'un brun de poix brillant et châtain, avec la tête et la base de l'abdomen noires ; revêtu d'une très-fine pubescence cendrée, courte, couchée et assez serrée.

Tête beaucoup moins large que le prothorax, légèrement pubescente, finement et densement pointillée, d'un brun ou d'un noir de poix brillant. *Front* large, subconvexe. *Epistome* convexe, presque lisse. *Labre* subconvexe, presque lisse, d'un roux de poix, offrant en avant quelques cils pâles. *Parties de la bouche* rousses.

Yeux subarrondis, noirs.

Antennes un peu plus courtes que la tête et le prothorax réunis ; très-finement duveteuses et en outre distinctement pilosellées vers le sommet de chaque article ; rousses, avec la base à peine plus claire : les 2 premiers articles oblongs, subégaux, subépaissis en massue : les 3e à 7e très-petits, peu contigus, graduellement un peu plus épais : le 3e subglobuleux, beaucoup plus court et plus étroit que le 2e, à peine moins court que le 4e : les 4e et 5e courts : les 6e et 7e transverses : le 7e à peine moins épais que les suivants, avec lesquels il forme une massue graduée et allongée : les 8e et 9e fortement transverses : le dernier égal aux 2 précédents réunis, assez courtement ovalaire, obtus au sommet.

Prothorax fortement transverse, presque 2 fois aussi large à sa base que long dans son milieu ; sensiblement rétréci en avant ; largement tronqué au sommet, avec les angles antérieurs fortement infléchis, presque droits et à peine émoussés ; subarqué sur les côtés ; à peine moins large en arrière que les élytres ; subarrondi à sa base, avec celle-ci légèrement sinuée de chaque côté près des angles postérieurs, qui paraissent presque droits, vus de dessus, mais qui, vus latéralement, sont obtus et subarrondis ; assez convexe sur son disque ; très-finement et très-densement pointillé, avec la ponctuation très-légère ou subobsolète ; d'un brun de poix brillant, parfois un peu châtain.

Ecusson à peine pubescent, obsolètement chagriné, d'un brun de poix assez brillant.

Elytres formant ensemble un carré assez fortement transverse, d'un bon tiers plus longues que le prothorax ; subparallèles et subrectilignes ou à peine arquées sur leurs côtés ; légèrement convexes sur leur disque, parfois subimpressionnées sur la suture derrière l'écusson ; très-finement pubescentes ; finement et densement pointillées, avec la ponctuation évidemment moins fine et plus distincte que celle du prothorax ; entièrement d'un brun-châtain assez brillant et parfois plus ou moins roussâtre. *Epaules* à peine saillantes.

Abdomen peu allongé, à peine moins large à sa base que les élytres, environ 2 fois plus prolongé que celles-ci ; subparallèle sur ses côtés ou à peine atténué en arrière ; assez convexe vers sa base, plus fortement vers son extrémité ; très-finement et densement pointillé, avec la ponctuation sensiblement plus écartée vers le sommet du 5e segment ; d'un noir ou d'un brun de poix brillant, avec l'extrémité du 5e segment et le 6e d'un roux de poix. *Le* 1er complètement ou presque complètement recouvert par les élytres : *les* 2e et 3e légèrement impressionnés en travers à leur base : le 5e subégal au 4e ou à peine plus grand, largement tronqué ou à peine échancré et muni à son bord apical d'une très-fine membrane pâle et à peine distincte : le 6e à peine saillant, obstusément arrondi au sommet, subgranuleusement pointillé sur le dos, offrant sur le milieu de celui-ci un grain plus gros et oblong : celui de l'armure caché.

Dessous du corps finement pubescent, densement pointillé, d'un brun de poix assez brillant, avec le sommet du ventre un peu plus clair. *Métasternum* assez convexe. *Ventre* convexe, à 5e arceau subégal aux précédents : le 6e à peine saillant, plus ou moins arrondi au sommet.

Pieds assez courts, très-finement pubescents, obsolètement pointillés, d'un roux assez brillant. *Cuisses* étroites, à peine atténuées vers leur sommet. *Tibias* assez grêles, *les postérieurs* aussi longs que les cuisses. *Tarses* grêles, légèrement ciliés ; *les antérieurs* courts, *les intermédiaires* à peine moins courts; *les postérieurs* un peu plus développés, moins longs que les tibias, à 1er article suballongé, plus long que le 2e, celui-ci et le 3e assez courts, subégaux.

Patrie. Cette espèce est rare. Elle se trouve dans la Provence.

Obs. Elle se distingue de l'*Oligota convexa* par sa forme moins convexe, et par sa couleur moins noire.

Elle ressemble beaucoup à l'*Oligota atomaria*. Elle en diffère par la massue des antennes plus allongée et composée de 4 articles; par son prothorax un peu moins large en arrière relativement aux élytres, à angles antérieurs encore plus droits ; par ses élytres un peu plus longues ; par son abdomen plus parallèle, à 5e segment moins ponctué vers son extrémité. Ajoutez à cela une couleur moins sombre et une pubescence un peu plus serrée.

12. **Oligota atomaria**; Erichson.

Suballongée, assez étroite, subconvexe, très-finement et densement pointillée, d'un noir brillant, avec le sommet de l'abdomen, la bouche, la base des antennes et les pieds d'un roux de poix. Antennes à massue assez brusque de 3 articles. Prothorax très-fortement transverse, sensiblement rétréci en avant, subarqué sur les côtés, aussi large en arrière que les élytres, légèrement bissinué à sa base. Elytres transverses, sensiblement plus longues que le prothorax. Abdomen subatténué vers son extrémité, uniformément pointillé, à 5e segment subégal au 4e.

Oligota atomaria, ERICHSON, Col. march. I, 363, 2. — Gen. et spec. Staph. 180, 2. — REDTENBACHER, Faun. austr. 671, 2. — FAIRMAIRE et LABOULBÈNE, Faun. Ent. Fr. I, 453, 2. — KRAATZ, Ins. Deut. II, 348, 2.
Oligota punctulata, HEER, Faun. Col. Helv I, 313.

Variété *a*. *Elytres* d'un roux brunâtre.

Variété *b*. *Dessus du corps* d'un roux brunâtre, avec la tête plus obscure, et une teinte plus foncée avant l'extrémité de l'abdomen.

Long. 0,0011 (1/2 l.).

Corps suballongé, assez étroit, subconvexe, très-finement et densement pointillé, d'un noir brillant; revêtu d'une très-fine pubescence cendrée, courte, couchée et peu serrée.

Tête beaucoup moins large que la base du prothorax, très-légèrement pubescente, légèrement et densement pointillée, d'un noir brillant. *Front* large, subconvexe. *Epistome* convexe, presque lisse, parfois un peu roussâtre vers son sommet. *Labre* subconvexe, presque lisse, d'un roux de poix, légèrement cilié en avant. *Parties de la bouche* d'un roux de poix.

Yeux subarrondis, noirs.

Antennes aussi longues ou à peine moins longues que la tête et le prothorax réunis; très-finement duveteuses et en outre distinctement pilosellées vers le sommet de chaque article; d'un roux de poix, avec la massue plus ou moins obscurcie: les 2 premiers articles oblongs, subépaissis en massue subcylindrique: les 3e à 7e petits, graduellement mais à peine plus épais: le 3e beaucoup plus court et plus grêle que le 2e, subglobuleux et à peine moins court que le 4e: les 4e et 5e subtransverses, les 6e et 7e transverses: le 7e sensiblement moins épais que les suivants: les 8e à 10e formant ensemble une massue assez brusque et oblongue: les 8e et 9e fortement transverses: le dernier à peine aussi long que les 2 précédents réunis, courtement ovalaire, obtus au sommet.

Prothorax très-fortement transverse, 2 fois aussi large à sa base que long dans son milieu; sensiblement rétréci en avant; tronqué au sommet, avec les angles antérieurs fortement infléchis, presque droits et à peine arrondis; subarqué sur les côtés; aussi large en arrière que les élytres; subarrondi à sa base, avec celle-ci légèrement sinuée de chaque côté près des angles postérieurs qui sont obtus et subarrondis; assez convexe; très-finement pubescent; très-finement et densement pointillé, avec la ponctuation du milieu du disque souvent obsolète; entièrement d'un noir brillant.

Ecusson plus ou moins caché, presque glabre, d'un noir brillant.

Elytres formant ensemble un carré sensiblement transverse, environ d'un tiers plus longues que le prothorax; subparallèles et presque subrectilignes ou à peine arquées sur les côtés; faiblement convexes sur leur disque; très-finement pubescentes; très-finement et densement pointillées, avec la ponctuation évidemment plus forte que celle du prothorax; entièrement d'un noir brillant, parfois un peu brunâtre. *Epaules* non saillantes.

Abdomen peu allongé, à peine moins large à sa base que les élytres, de 2 fois à 2 fois et demie plus prolongé que celles-ci; faiblement atténué vers son extrémité; légèrement convexe vers sa base, plus fortement en arrière; très-finement pubescent, avec la pubescence à peine plus longue que celle des élytres; très-finement, densement et légèrement pointillé; d'un noir brillant, avec le sommet du 5e segment et le 6e d'un roux de poix plus ou moins foncé. *Le* 1er plus ou moins recouvert: *les* 2e *et* 3e à peine impressionnés en travers à leur base: le 5e subégal ou précédent ou à peine plus grand, largement et obtusément tronqué et muni à son bord apical d'une très-fine membrane pâle: le 6e à peine saillant, obtusément arrondi au sommet: celui de l'armure plus ou moins caché.

Dessous du corps très-finement pubescent, finement et densement pointillé, d'un noir brillant, avec le sommet du ventre d'un roux de poix plus ou moins foncé. *Métasternum* assez convexe, à ponctuation un peu moins fine et subécailleuse, à 5e arceau subégal au précédent: le 6e peu saillant plus ou moins arrondi au sommet.

Pieds assez courts, très-légèrement pubescents, à peine pointillés, d'un roux de poix brillant et parfois assez foncé. *Cuisses* étroites, sublinéaires. *Tibias* assez grêles, *les postérieurs* aussi longs que les cuisses. *Tarses* assez grêles, légèrement ciliés: *les antérieurs* courts, *les intermé-*

diaires à peine moins courts; *les postérieurs* un peu plus développés, beaucoup moins longs que les tibias, à 1er article suballongé, subégal aux 2 suivants réunis, ceux-ci assez courts, subégaux.

Patrie. Cette espèce se prend assez communément dans presque toute la France. Elle se plaît souvent dans la société de certaines fourmis, et surtout de la *Formica fuliginosa*.

Obs. Elle varie passablement quant à la couleur. Ainsi, par exemple, celle-ci passe insensiblement du noir au roux de poix, principalement sur le prothorax, sur les élytres et parfois sur la base de l'abdomen, et alors le sommet de celui-ci, les pieds et les antennes prennent une teinte plus claire. Ces dernières se montrent même quelquefois entièrement testacées.

Le ♂ paraît différer de la ♀ par le 6e segment abdominal plus obtusément arrondi à son sommet, et par le 6e arceau ventral plus fortement arrondi et plus prolongé, plus saillant que le segment abdominal correspondant.

Peut-être doit-on rapporter à cette espèce les *Picipes*, *Pusio* et *Minutissima* de Stephens (Ill. Brit. V, p. 145 et 146)? (1)

13. Oligota fuscipes; Mulsant et Rey.

Allongée, étroite, sublinéaire, assez convexe, finement et modérément pubescente, finement et assez densement pointillée, d'un noir brillant, avec les pieds et les antennes obscurs, la base de celles-ci d'un roux de poix. Antennes à massue assez brusque de 3 articles. Prothorax très-fortement transverse, un peu rétréci en avant, arqué sur les côtés, aussi large en arrière que les élytres, à peine bissinué à sa base. Élytres très-courtes, un peu plus longues que le prothorax. Abdomen subparallèle, uniformément pointillé, à 5e segment subégal au 4e.

Long. 0,0011 (1/2 l.).

(1) Nous n'adoptons que rarement les dénominations et synonymies de Stephens, attendu que les descriptions de cet auteur sont tout à fait insuffisantes, et qu'il a souvent publié 5 ou 6 fois la même espèce sous des noms différents.

Corps allongé, étroit, sublinéaire, assez convexe, finement et assez densement pointillé; d'un noir brillant; revêtu d'une fine pubescence d'un cendré blanchâtre, courte, couchée et modérément serrée.

Tête un peu plus étroite que le prothorax, à peine pubescente, finement et légèrement pointillée, d'un noir brillant. *Front* très-large, subconvexe, presque lisse ou obsolètement pointillé sur son milieu. *Epistome* subconvexe, presque lisse. *Labre* subconvexe, presque lisse, d'un roux de poix. *Parties de la bouche* brunâtres.

Yeux subarrondis, noirs.

Antennes un peu plus courtes que la tête et le prothorax réunis; très-finement duveteuses et en outre à peine pilosellées vers le sommet de chaque article; obscures, avec les 2 premiers articles plus clairs ou d'un roux de poix : ceux-ci oblongs, subégaux, subépaissis : les 3e à 7e petits, formant ensemble une tige assez grêle : le 3e suboblong, les 4e et 5e subglobuleux, le 6e subtransverse, le 7e transverse : les 8e à 10e renflés en massue assez brusque et oblongue : les 8e et 9e fortement transverses : le dernier subégal aux deux précédents réunis, courtement subovalaire, obtus au sommet.

Prothorax très-fortement transverse, 2 fois aussi large à sa base que long dans son milieu; un peu rétréci en avant; tronqué au sommet, avec les angles antérieurs infléchis et arrondis; sensiblement arqué sur les côtés; aussi large en arrière que les élytres; légèrement arrondi à sa base, avec celle-ci à peine sinuée de chaque côté vers les angles postérieurs qui sont obtus et arrondis; assez convexe sur son disque; finement et modérément pubescent; finement, subobsolètement et assez densement pointillé; entièrement d'un noir brillant.

Ecusson plus ou moins caché, d'un noir brillant.

Elytres très-courtes, formant ensemble un carré très-fortement transverse; un peu ou à peine plus longues que le prothorax; à peine plus larges en arrière qu'en avant et presque subrectilignes sur leurs côtés; légèrement convexes; finement et modérément pubescentes; finement et assez densement pointillées, avec la ponctuation obsolètement rugueuse et sensiblement plus distincte que celle du prothorax; entièrement d'un noir brillant. *Epaules* non saillantes.

Abdomen suballongé, à peine moins large à sa base que les élytres, environ 2 fois et demie plus prolongé que celles-ci ; subparallèle ou à peine arqué sur ses côtés ; subconvexe vers sa base, à peine plus fortement en arrière ; finement et modérément pubescent ; finement, assez densement et uniformément pointillé ; entièrement d'un noir assez brillant. *Les 3 premiers segments* à peine impressionnés en travers à leur base : le 5e subégal au 4e, largement tronqué et muni à son bord apical d'une très-fine membrane pâle : le 6e à peine saillant : celui de l'armure caché.

Dessous du corps finement pubescent, finement pointillé, d'un noir brillant. *Métasternum* assez convexe. *Ventre* convexe, à 5e arceau subégal aux précédents : le 6e à peine saillant, subarrondi au sommet.

Pieds courts, légèrement pubescents, obsolètement pointillés, obscurs ou brunâtres, avec les hanches, surtout les postérieures, encore plus foncées, et les tarses un peu plus clairs. *Cuisses* étroites, sublinéaires ou à peine atténuées vers leur extrémité. *Tibias* assez grêles : *les postérieurs* aussi longs que les cuisses. *Tarses* grêles, finement ciliés ; *les antérieurs* courts, *les intermédiaires* un peu moins courts ; *les postérieurs* plus développés, mais sensiblement moins longs que les tibias, à 1er article suballongé ou oblong, visiblement plus long que le suivant : les 2e et 3e assez courts, subégaux.

Patrie. Cette espèce se rencontre, mais très-rarement, dans la France orientale et dans les montagnes des environs de Lyon. Elle vit en compagnie de la *Formica rufa*.

Obs. Elle se distingue des *Oligota atomaria* et *pilosa* par son corps plus étroit et plus linéaire, par sa couleur plus noire, par ses antennes et ses pieds plus obscurs, par son abdomen plus parallèle, et surtout par ses élytres plus courtes. Ce dernier caractère la sépare également des *Oligota pusillima* et *misella*, et, en outre, la tête est proportionnellement plus large relativement au prothorax.

L'*Oligota fuscipes* est bien voisine de l'*Oligota obscuricornis*, *Motschoulsky* (Bul. Mosc. 1860, II, 576 ; — Enum. nouv. esp. col. 38, 69). Mais, chez cette dernière, la massue des antennes serait de 4 articles, et les pieds auraient une teinte plus claire.

14. Oligota pilosa; Mulsant et Rey.

Suballongée, assez étroite, subparallèle, subconvexe, finement, subéparsement et assez longuement pubescente, très-finement et densement pointillée, d'un brun de poix châtain et brillant, avec la bouche, les antennes, les pieds et le sommet de l'abdomen roux. Antennes à massue suballongée de 3 articles. Prothorax fortement transverse, un peu rétréci en avant, subarqué sur les côtés, aussi large en arrière que les élytres, à peine bissinué à sa base. Elytres assez fortement transverses, sensiblement plus longues que le prothorax. Abdomen subparallèle, uniformément pointillé, à 5e segment subégal au 4e.

Long. 0,0010 (1/2 l. à peine).

Corps assez allongé, assez étroit, subparallèle, subconvexe, très-finement et densement pointillé; d'un brun de poix châtain et brillant, avec le sommet de l'abdomen plus clair; revêtu d'une fine pubescence cendrée, assez longue, couchée et peu serrée.

Tête sensiblement moins large que le prothorax, finement pubescente; très-finement, très-légèrement et densement pointillée; d'un brun de poix châtain et brillant. *Front* large, à peine convexe. *Epistome* convexe, presque lisse, plus ou moins roussâtre. *Labre* subconvexe, presque lisse, d'un roux de poix, légèrement cilié en avant. *Parties de la bouche* rousses.

Yeux subarrondis, noirs.

Antennes un peu plus courtes que la tête et le prothorax réunis; très-finement duveteuses et, en outre, assez fortement pilosellées surtout vers le sommet de chaque article: rousses, avec la base un peu plus claire: les 2 premiers articles oblongs, subégaux, subépaissis en massue subcylindrique: les 3e à 7e très-petits, graduellement à peine plus épais: le 3e beaucoup plus court et plus grêle que le 2e, à peine moins court que le 4e: le 8e transverse, un peu moins large que les suivants: ceux-ci formant ensemble une massue assez brusque et suballongée : les 8e à 9e fortement tranverses : le dernier à peine égal aux 2 précédents réunis, courtement ovalaire, mousse au sommet.

Prothorax fortement transverse, environ 2 fois aussi large que long ; un peu rétréci en avant ; tronqué au sommet, avec les angles antérieurs infléchis, presque droits et à peine émoussés ; subarqué sur les côtés ; aussi large en arrière que les élytres : légèrement arrondi à sa base, avec celle-ci à peine sinuée de chaque côté près des angles postérieurs qui sont obtus et arrondis ; assez convexe ; finement pubescent ; très-finement, légèrement et densement pointillé ; entièrement d'un brun de poix châtain et brillant.

Ecusson en partie caché, presque glabre, presque lisse, d'un brun de poix châtain et assez brillant.

Elytres formant ensemble un carré assez fortement transverse ; sensiblement plus longues que le prothorax ; subparallèles et presque subrectilignes sur leurs côtés ; légèrement convexes ; finement, assez longuement et subéparsement pubescentes ; finement et densement pointillées, avec la ponctuation un peu moins fine et plus distincte que celle du prothorax ; entièrement d'un brun de poix châtain et brillant. *Epaules* non saillantes.

Abdomen peu allongé, à peine moins large à sa base que les les élytres, de 2 fois à 2 fois et demie plus prolongé que celles-ci ; subparallèle sur ses côtés ; légèrement convexe vers sa base, à peine plus fortement en arrière ; fortement, subéparsement et assez longuement pubescent ; très-finement, légèrement et densement pointillé ; d'un brun de poix châtain et brillant, avec les 4e et 5e segments un peu plus obscurs, le sommet de ce dernier et le 6e roussâtres. Les 2e et 3e légèrement impressionnés en travers à leur base : le 1er presque entièrement caché : le 5e subégal au 4e ou à peine plus grand, largement tronqué et muni à son bord apical d'une très fine membrane pâle et à peine distincte : le 6e très-peu saillant, obtusément arrondi (♂) et finement cilié à son sommet : celui de l'armure caché.

Dessous du corps très-finement pubescent, très-finement pointillé, d'un brun châtain et brillant, avec le sommet du ventre plus clair. *Métasternum* assez convexe. *Ventre* convexe, à 5e arceau subégal aux précédents : le 6e peu saillant, plus ou moins arrondi au sommet.

Pieds assez courts, très-finement pubescents, très-légèrement pointillés, d'un roux subtestacé et assez brillant. *Cuisses* étroites, sublinéaires. *Tibias* assez grêles : *les postérieurs* aussi longs que les cuisses. *Tarses* grêles, finement ciliés ; *les antérieurs* courts, *les intermédiaires* à peine moins courts ; *les postérieurs* un peu plus développés, moins longs que les tibias, à 1er article suballongé ou oblong, plus long que le suivant : celui-ci et le 3e assez courts, subégaux.

PATRIE : Cette espèce est très-rare. Elle a été capturée dans le Beaujolais, dans un nid de *Formica rufa.*

OBS. Les antennes plus fortement pilosellées et à massue un peu plus allongée, une pubescence plus longue et moins serrée, l'abdomen plus parallèle, une taille un peu moindre et une forme à peine plus étroite, tels sont les signes principaux qui différencient l'*Oligota pilosa* de l'*O. atomaria* , surtout des variétés de cette dernière, avec lesquelles elle est facile à confondre.

Elle ressemble au premier abord à l'*Oligota pusillima*, mais elle est d'une couleur moins noire et d'une forme un peu moins étroite. Les antennes sont plus fortement pilosellées, avec leur massue non rembrunie, plus allongée et un peu plus cylindrique. Le prothorax, à peine moins convexe, est à peine plus visiblement sinué près des angles postérieurs. Les élytres, évidemment plus longues, sont à la fois un peu moins convexes et plus finement pointillées. L'abdomen est moins convexe, avec sa ponctuation un peu plus légère. Surtout, la pubescence générale est plus longue, et ce caractère suffit à lui seul pour séparer cette espèce de toutes ses congénères.

15. **Oligota pusillima** ; GRAVENHORST.

Allongée, étroite, sublinéaire, assez convexe, très-finement et subéparsement pubescente, très-finement et densement pointillée, d'un noir brillant, avec le sommet de l'abdomen d'un roux de poix, la bouche, la base des antennes et les pieds roux. Antennes à massue brusque de 3 *articles. Prothorax fortement transverse, un peu rétréci en avant, subarqué sur les côtés, aussi large en arrière que les élytres, non visiblement bissinué à sa base. Elytres fortement transverses, un peu plus longues que le prothorax. Abdomen subparallèle, uniformément pointillé, à 5e segment subégal au 4e.*

Aleochara pusillima, GRAVENHORST, Mon. 175, 71. — GYLLENHAL, Ins. Suec. IV, 491, 38-39.

Oligota pusillima, MANNERHEIM, Brach. 72, 1. — ERICHSON, Col. March. I, 363, 1; — Gen. et Spec. Staph. 179, 1. — HEER, Faun. Col. Helv. I, 313, 1. — REDTENBACHER, Faun. Austr, 671, 2. — FAIRMAIRE ET LABOULBÈNE, Faun. Ent. Fr. I, 453, 1. — KRAATZ, Ins. Deut. II, 347, 1. — THOMSON, Skand. Col. II, 261, 1, 1860.

Variété *a*. *Élytres* d'un brun châtain.

Variété *b*. *Corps* d'un roux châtain, avec la tête et une ceinture avant l'extrémité de l'abdomen d'un noir de poix.

Long. 0,0011 (1/2 l.).

Corps allongé, étroit, sublinéaire, assez convexe, très-finement et densement pointillé, d'un noir brillant; revêtu d'une très-fine pubescence cendrée, courte, couchée et peu serrée.

Tête sensiblement moins large que le prothorax, très-légèrement pubescente, très-finement et densement pointillée, d'un noir brillant. *Front* large, subconvexe. *Epistome* convexe, presque lisse, graduellement d'un roux de poix vers son sommet. *Labre* subconvexe, d'un roux brillant, légèrement cilié en avant. *Parties de la bouche* rousses, avec l'article terminal des *palpes maxillaires* pâle.

Yeux subarrondis, noirs ou noirâtres.

Antennes un peu moins longues que la tête et le prothorax réunis; très-finement duveteuses et en outre très-légèrement pilosellées vers le sommet de chaque article; d'un roux plus ou moins testacé, avec la massue plus ou moins obcurcie: les 2 premiers articles oblongs, sensiblement épaissis, subcylindriques, subégaux: les 3e à 7e petits: le 3e beaucoup plus court et plus grêle que le 2e, un peu plus long que le 4e: les 4e à 7e courts, graduellement à peine plus épais: le 7e évidemment moins large que le 8e: les 8e à 10e formant ensemble une massue assez brusque et oblongue: les 8e et 9e fortement transverses: le dernier subégal aux 2 précédents réunis, courtement ovalaire, mousse au sommet.

Prothorax fortement transverse, presque 2 fois aussi large que long ; un peu rétréci en avant ; tronqué au sommet, avec les angles antérieurs infléchis, subobtus et subarrondis ; subarqué sur les côtés ; aussi large en arrière que les élytres ; légèrement arrondi à sa base, avec celle-ci non visiblement sinuée sur les côtés vers les angles postérieurs qui sont obtus et arrondis ; convexe sur son disque ; très-finement pubescent ; très-finement, légèrement et densement pointillé ; d'un noir brillant.

Ecusson en partie caché, presque glabre, presque lisse, noir.

Elytres formant ensemble un carré fortement transverse, un peu ou seulement d'un quart plus longues que le prothorax ; subparallèles et presque subrectilignes sur leurs côtés ; assez convexes sur leur disque ; très-finement, brièvement et peu densement pubescentes ; très-finement et densement pointillées, avec la ponctuation toujours un peu plus distincte que celle du prothorax ; entièrement d'un noir ou d'un brun brillant. *Epaules* non saillantes.

Abdomen peu allongé, aussi large à sa base que les élytres ; à peine 3 fois plus prolongé que celles-ci ; subparallèle sur ses côtés ou faiblement atténué tout à fait vers son extrémité à partir du sommet du 4e segment ; sensiblement convexe vers sa base, fortement en arrière ; très-finement pubescent, avec la pubescence peu serrée et un peu plus longue que celle des élytres ; d'un noir brillant, avec l'extrémité du 5e segment et le 6e d'un roux de poix. *Les* 2e *et* 3e faiblement impressionnés en travers à leur base : le 1er plus ou moins recouvert : le 5e subégal au 4e ou à peine plus grand, largement tronqué et muni à son bord apical d'une très-fine membrane pâle : le 6e peu saillant, entièrement d'un roux de poix, plus ou moins arrondi au sommet : celui de l'armure caché.

Dessous du corps très-finement pubescent, très-finement et densement pointillé, d'un noir brillant, avec le sommet du ventre roux. *Métasternum* subconvexe. *Ventre* convexe, à 5e arceau subégal au précédent : le 6e peu saillant, roussâtre plus ou moins arrondi au sommet.

Pieds assez courts, légèrement pubescents, obsolètement pointillés, d'un roux brillant et plus ou moins testacé. *Cuisses* presque sublinéaires. *Tibias* grêles ; *les postérieurs* aussi longs que les cuisses. *Tarses* grêles, légèrement ciliés ; *les antérieurs* courts, *les intermédiaires* à peine, *les postérieurs* un peu moins courts : ceux-ci beaucoup moins longs que les tibias, à 1er article oblong, un peu plus long que le suivant, les 2e et 3e assez courts.

PATRIE. Cette espèce est répandue dans presque toute la France. On la rencontre, dans toutes les saisons, parmi les mousses, les détritus végétaux et les feuilles mortes.

OBS. Elle est remarquable d'entre toutes ses congénères par sa forme étroite et sublinéaire, et par ses élytres proportionnellement plus courtes comparativement au prothorax.

Elle varie un peu pour la couleur Ainsi, les élytres passent du noir au roux châtain. D'autres fois, tout le corps est de cette dernière couleur, avec la tête plus ou moins rembrunie et une ceinture noire avant l'extrémité de l'abdomen.

Le ♂ paraît différer de la ♀ par le 6e segment de l'abdomen plus obtusément arrondi à son bord postérieur, et par le 6e arceau ventral plus fortement arrondi et plus prolongé, plus saillant que le segment abdominal correspondant.

On rapporte l'*Oligota apiciventris*, Fairm. à *l'Oligota pusillima ?*

16. **Oligota misella**; MULSANT et REY.

Allongée, étroite, sublinéaire, assez convexe, très-finement et subéparsement pubescente, très-finement et très-densement pointillée, d'un noir brillant, avec la bouche, la base des antennes et les pieds d'un roux testacé. Antennes à massue brusque de 3 articles. Prothorax fortement transverse, un peu rétréci en avant, subarqué sur les côtés, aussi large en arrière que les élytres, faiblement bissinué à sa base, presque lisse sur son milieu. Elytres médiocrement transverses, sensiblement plus longues que le prothorax. Abdomen atténué vers son sommet, uniformément pointillé, à 5e segment subégal au 4e.

Long. 0,0010 (1/2 l. à peine).

Corps allongé, étroit, sublinéaire, assez convexe, très-finement et très-densement pointillé ; revêtu d'une très-fine pubescence cendrée, courte, couchée et peu serrée.

Tête sensiblement moins large que le prothorax, très-légèrement pubescente, très-finement et densement pointillée, d'un noir brillant. *Front* large, subconvexe. *Epistome* convexe, presque lisse, roussâtre vers son sommet. *Labre* subconvexe, d'un roux brillant, légèrement cilié en avant. *Parties de la bouche* rousses, avec les *palpes labiaux* et l'article terminal des *palpes maxillaires* plus pâles.

Yeux subarrondis, noirs.

Antennes plus courtes que la tête et le prothorax; très-finement duveteuses et en outre à peine pilosellées vers le sommet de chaque article; d'un roux de poix, avec l'extrémité rembrunie dès le 5e ou 6e article, et le 1er testacé : les 2 premiers oblongs, sensiblement épaissis, subcylindriques, subégaux : les 3e à 7e petits : le 4e beaucoup plus court et beaucoup plus grêle que le 3e, à peine plus long que le 4e : les 4e à 7e très-courts, graduellement un peu plus épais : le 7e transverse, un peu moins large que les suivants : ceux-ci formant ensemble une massue brusque et suballongée : les 8e et 9e fortement transverses : le dernier subégal aux 2 précédents réunis, courtement ovalaire, très-obtusément acuminé au sommet.

Prothorax fortement transverse, presque 2 fois aussi large que long; un peu rétréci en avant; tronqué au sommet, avec les angles antérieurs infléchis et subarrondis; subarqué sur les côtés; aussi large en arrière que les élytres; légèrement arrondi à sa base, avec celle-ci faiblement sinuée de chaque côté vers les angles postérieurs qui sont un peu obtus et subarrondis; assez fortement convexe ; très-finement pubescent; très-finement et très-légèrement pointillé, plus obsolètement ou presque lisse sur le milieu du disque; entièrement d'un noir brillant.

Ecusson en partie caché, presque glabre, presque lisse, d'un noir brillant.

Elytres formant ensemble un carré médiocrement transverse; sensiblement ou d'un bon tiers plus longues que le prothorax; subparallèles et presque subrectilignes sur leurs côtés; assez convexes; très-finement et peu densement pubescentes; très-finement et densement pointillées; entièrement d'un noir assez brillant. *Épaules* non saillantes.

Abdomen peu allongé, presque aussi large à sa base que les élytres, 2 fois et demie environ plus prolongé que celles-ci; subparallèle sur ses côtés jusqu'au sommet du 4e segment et puis atténué en forme de cône; assez fortement convexe dès sa base; très-finement pubescent, avec la pubescence peu serrée et à peine plus longue que celle des élytres; très-finement et densement pointillé, avec la ponctuation assez légère et uniforme; entièrement d'un noir brillant ou avec le sommet à peine moins foncé. *Les* 2e et 3e *segments* sensiblement impressionnés en travers à leur base : le 1er en majeure partie recouvert : le 4e subégal au précédent ou à peine plus grand, largement et obtusément tronqué et muni à son bord apical d'une très-fine membrane pâle : le 6e saillant, obtusément arrondi (♂) au sommet : celui de l'armure apparent, en cône mousse.

Dessous du corps très-finement pubescent, très-finement et densement pointillé, d'un noir brillant. *Métasternum* subconvexe. *Ventre* convexe, à arceaux apparents subégaux : le 6e peu saillant, arrondi au sommet.

Pieds assez courts, très-légèrement pubescents, à peine pointillés, d'un roux de poix testacé assez brillant. *Cuisses* presque sublinéaires. *Tibias* assez grêles : *les postérieurs* aussi longs que les cuisses. *Tarses* grêles, légèrement ciliés; *les antérieurs* courts, *les intermédiaires* à peine, *les postérieurs* un peu moins courts : ceux-ci moins longs que les tibias, à 1er article oblong, un peu plus long que le suivant : les 2e et 3e assez courts, subégaux.

PATRIE. Cette petite espèce est très-rare. Elle se rencontre dans les environs de Lyon.

OBS. Elle est très-voisine de l'*Oligota pusillima*. Elle s'en distingue néanmoins par ses antennes plus obscures et à massue plus allongée; par son prothorax un peu plus convexe, plus lisse sur son disque, plus visiblement sinué sur les côtés de sa base, avec les angles postérieurs un peu moins obtus; par ses élytres évidemment plus longues, à peine plus finement et à peine plus densement pointillées; par son abdomen un peu plus convexe, un peu plus finement et un peu plus densement pointillé, à sommet d'une couleur presque aussi foncée que le reste de sa surface. La taille est un peu moindre, etc.

PLANCHE Ire.

Fig. 1. Lame mésosternale du genre *Dinarda*.
2. Tibia et tarse postérieurs du genre *Dinarda*.
3. Palpe maxillaire du — —
4. Palpe labial du — —
5. Angle postérieur du prothorax du genre *Dinarda*.
6. — — — du genre *Gymnusa*.
7. Tarse postérieur du — —
8. Menton du — —
9. Labre, palpes labiaux et languette du genre *Gymnusa*.
10. Palpe maxillaire du — —
11. — — du genre *Deinopsis*.
12. Labre, palpes labiaux et languette du genre *Deinopsis*.
13. Menton du genre *Myllaena*.
14. Lame mésosternale du genre *Gymnusa* et à peu près aussi du genre *Deinopsis*.
15. Tibia et tarse antérieurs du genre *Gymnusa*.
16. — — — du genre *Deinopsis*.
17. Lame supérieure des hanches postérieures du genre *Gymnusa*.
18. — — — — du genre *Deinopsis*.
19. Tibia et tarse postérieurs du — —
20. — — — du genre *Myllaena*.
21. Lame supérieure des hanches postérieures du genre *Myllaena*.
22. Sommet de l'abdomen, vu de dessus, de la *Gymnusa brevicollis* ♂.
23. — — — de la *Gymnusa brevicollis* ♀.
24. Sommet du ventre, vu de dessous, de la *Gymnusa brevicollis* ♀.
25. — — — du *Deinopsis fuscatus* ♀.
26. — — — — — ♂.
27. Palpe maxillaire du genre *Myllaena*.
28. Lame mésosternale du genre *Myllaena*.
29. Palpe labial du — —
30. Le 6e arceau ventral de la *Myllaena brevicornis* ♂.
31. — — — — ♀.
32. Angle postérieur du prothorax de la *Myllaena valida*.
33. — — — de la *Myllaena dubia*.
34. — — — de la *Myllaena minuta*.
35. Echancrure de l'angle postéro-externe des élytres des *Myllaena valida*, *dubia* et *minuta*.
36. Echancrure de l'angle postéro-externe des élytres de la *Myllaena incisa*.
37. Echancrure de l'angle postéro-externe des élytres des *Myllaena elongata*, *intermedia*, *infuscata* et *minima*.
38. Sommet du ventre des *Myllaena valida* et *dubia* ♂.
39. — — — — — ♀.
40. — — de la *Myllaena incisa* ♂.
41. — — — — ♀.
42. — — de la *Myllaena elongata* ♂ ♀ (1).

(1) Nous n'avons figuré, dans le genre *Myllaena*, que les formes de différences sexuelles les plus caractérisées.

Nous avons négligé les styles, qui sont rétractiles et souvent cachés. Ils sont généralement moins grêles que dans le genre *Gymnusa*, mais moins épais que dans le genre *Deinopsis*.

ALEOCHARIENS

Pl. I.

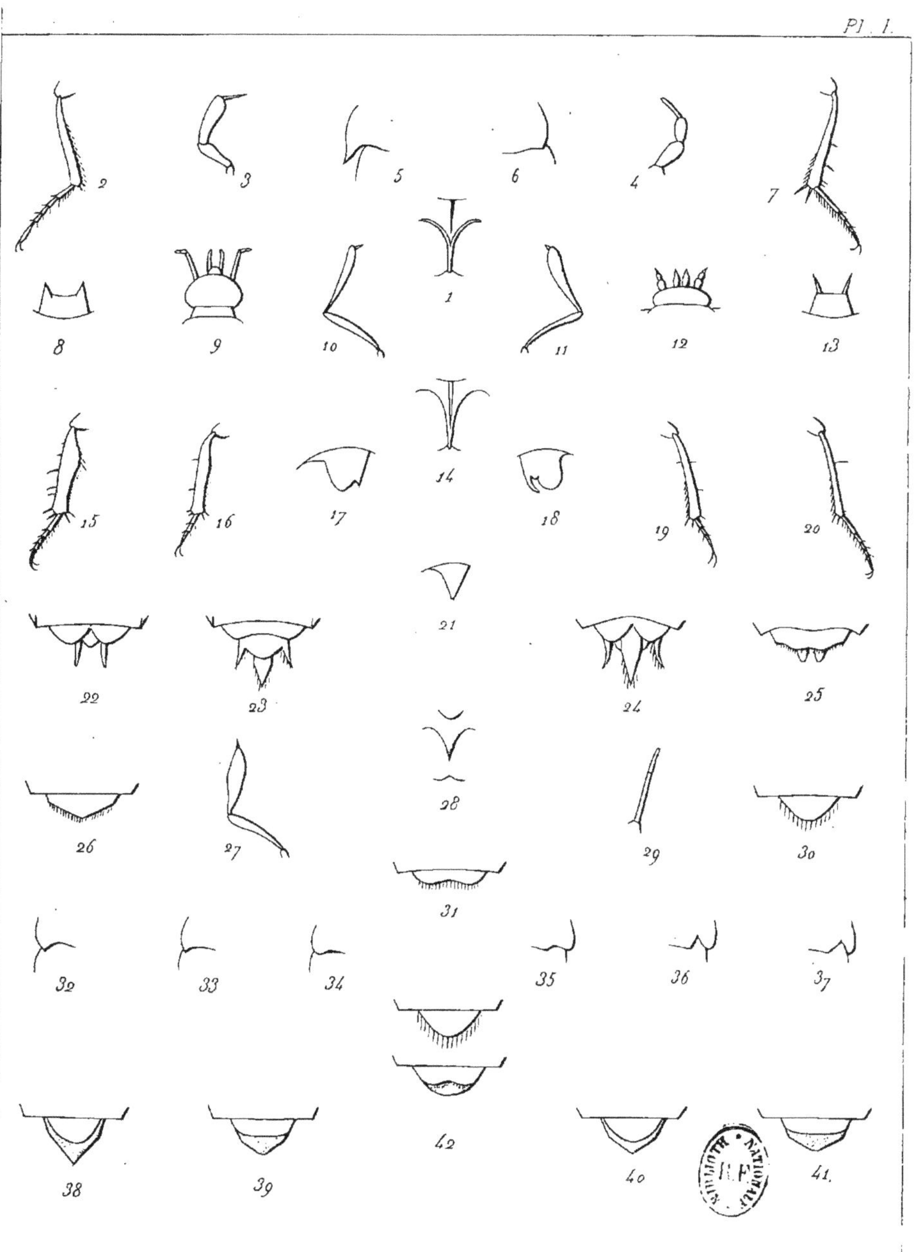

C. REY del

LOUIS CHEVRON SCULP.

PLANCHE IIe.

Fig. 1. Lame mésosternale du genre *Diglossa*.

2. Sommet des tibia et tarse antérieurs du genre *Diglossa*.

3. — — — postérieurs du — —

4. Palpe maxillaire du — —

5. Palpe labial du — —

6. Silhouette du prothorax de la *Diglossa submarina*.

7. — — — — *sinuaticollis*.

8. — — — — *mersa*.

9. — — — — *crassa*.

10. Effet des mandibules du genre *Diglossa*.

11. Lame mésosternale du genre *Hygronoma*.

12. Sommet des tibia et tarse antérieurs du genre *Hygronoma*.

13. — — — postérieurs du — —

14. Palpe maxillaire du — —

15. Lame mésosternale du genre *Microcera*.

16. Lame supérieure des hanches postérieures du genre *Microcera*.

17. Sommet des tibia et tarse postérieurs du — —

18. Palpe maxillaire du genre *Microcera* et à peu près aussi du genre *Oligota*.

19. Lame supérieure des hanches postérieures du genre *Oligota* (sous-genre *Logiota*).

20. Lame supérieure des hanches postérieures du genre *Oligota* proprement dit.

21. Massue des antennes de la *Microcera flavicornis*.

22. — — de la *Microcera* (Goliota) *granaria*.

23. Lame mésosternale du sous-genre *Logiota*.

24. — — du genre *Oligota* proprement dit.

25. Sommet des tibia et tarse postérieurs du sous-genre *Logiota*.

26. — — — — du genre *Oligota* proprement dit.

27. Massue des antennes de l'*Oligota* (Logiota) *rufipennis*.

28. — — des *Oligota* (Logiota) *apicata* et *xanthopyga*.

29. Massue des antennes de l'*Oligota* (Logiota) *picescens*.

30. — — de l'*Oligota subsericans* et à peu près aussi des *Oligota inflata* et *picipennis*.

31. Massue des antennes de l'*Oligota pusillima* et à peu près aussi des *Oligota parva*, *aliena*, *fuscipes* et *misella*.

32. Massue des antennes des *Oligota convexa* et *australis*.

33. — — de l'*Oligota glomaria*.

34. — — — *pilosa*.

ALEOCHARIENS

Pl. II.

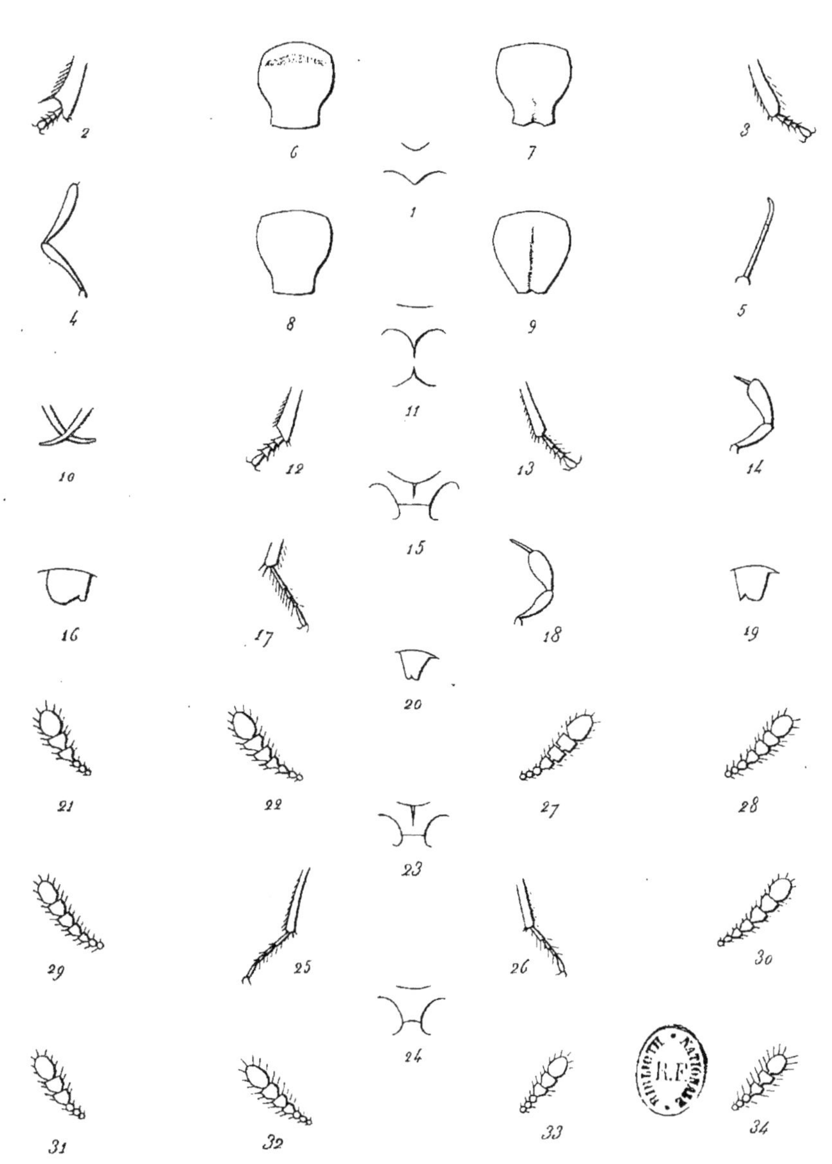

C. REY del. LOUIS CHEVRON sculp.

OUVRAGES DU MÊME AUTEUR

HISTOIRE NATURELLE DES COLÉOPTÈRES DE FRANCE.
— LAMELLICORNES. *Paris*, 1842. 1 vol. in-8.
— PALPICORNES. *Paris*, 1844. 1 vol. in-8.
— SULCICOLLES. — SÉCURIPALPES. *Paris*, 1856. 1 vol. in-8.

HÉTÉROMERSES :
— LATIGÈNES. *Paris*, 1854. 1 vol. in-8.
— PECTINIPÈDES. *Paris*, 1855. 1 vol. in-8.
— BARBIPALPES. — LONGIPÈDES. — LATIPENNES. *Paris*, 1856. 1 vol. in-8.
— VÉSICANTS. *Paris*, 1857. 1 vol. in-8.
— ANGUSTIPENNES. *Paris*, 1858. 1 vol. in-8.
— ROSTRIFÈRES. *Paris*, 1859. 1 vol. in-8.

— ALTISIDES, par C. Foudras. *Paris*, 1859-60. 1 vol. in-8.
— MOLLIPENNES. *Paris*, 1862. 1 vol. in-8.
— LONGICORNES. 2e édit. *Paris*, 1862-63. 1 vol. in-8.
— ANGUSTICOLLES. — DIVERSPALPES. 1 vol. in-8, avec REY.
— TÉRÉDILES 1864. 1 vol. in-8, avec REY.
— FOSSIPÈDES et BRÉVICOLLES. 1865. In-8, avec REY.
— SCUTICOLLES. 1867. In-8, avec REY.
— VÉSICULIFÈRES. 1867. 1 vol. in-8, avec REY.
— FLORICOLES. 1868. In-8, avec REY.
— GIBBICOLLES. 1868. In-8, avec REY.
— PILLULIFORMES. 1869. In-8, avec REY.
— LAMELLICORNES. — PECTINICORNES. 1871. In-8, avec REY.
— BRÉVIPENNES (ALÉOCHARIENS), 1871. In-8, avec Rey.
— IMPROSTERNÉS, UNCIFÈRES, DIVERSICORNES, SPINIPÈDES. 1872. In-8, avec Rey.

SPÉCIES DES COLÉOPTÈRES TRIMÈRES SÉCURIPALPES. *Lyon* et *Paris*, 1850-51. 1 vol. en deux parties, grand in-8.

MONOGRAPHIE DES COCCINELLIDES. 1866. In-8.

OPUSCULES ENTOMOLOGIQUES, grand in-8.
— 1er cahier. 1852. Mémoires divers.
— 2me cahier. 1853. Id.
— 3me cahier. 1853. Coccinellides.
— 4me cahier. 1853. Parvilabres.
— 5me cahier. 1854. Id.
— 6me cahier. 1855. Mémoires divers.
— 7me cahier. 1856. Id.
— 8me cahier. 1858. Id.

OPUSCULES ENTOMOLOGIQUES, grand in-8.
— 9me cahier. 1859. Parvilabres. etc.
— 10me cahier. 1859. Parvilabres.
— 11me cahier. 1859-60 Mémoires divers.
— 12me cahier. 1861. Id.
— 13me cahier. 1863. Id.
— 14me cahier. 1870. Id.
— 15me cahier. 1873. Id.

COURS D'HISTOIRE NATURELLE. *Paris*, 1869, 3e édit. (Zoologie). — 1869, 3e édit. (Physiologie). — 1860. (Géologie).

SOUVENIRS D'UN VOYAGE EN ALLEMAGNE. *Paris*, 1861. In-8.

HIST. NATURELLE DES PUNAISES DE FRANCE. — SCUTELLÉRIDES. 1865. In-8.
— — PENTATOMIDES. 1866. In-8.
— — COREIDES. 1870 In-8.

ESSAI D'UNE CLASSIFICATION DES TROCHILIDÉS. 1866, In-8, avec MM. Verreaux.
LETTRES A JULIE SUR L'ORNITHOLOGIE. *Paris*, 1868. Grand in-8. Fig. col.
LETTRES A JULIE SUR L'ENTOMOLOGIE, 2 vol. in-8.
SOUVENIRS DU MONT PILAT. 1870. 2 vol. in-18.

SOUS PRESSE : BRÉVIPENNES. (Suite.) — PUNAISES DE FRANCE (RÉDUVIDES-ÉMÉSIDES).

EN PUBLICATION

HISTOIRE NATURELLE
DES
OISEAUX-MOUCHES
OU
COLIBRIS

CONSTITUANT LA FAMILLE DES TROCHILIDÉS

PAR

E. MULSANT ET FEU ED. VERREAUX

OUVRAGE PUBLIÉ PAR LA SOCIÉTÉ LINNÉENNE DE LYON

Cet ouvrage, imprimé sur très-beau papier, fabriqué exprès par MM. FILLIAT FRÈRES, de Rives, et avec des caractères neufs, formera quatre volumes grand in-4 raisin, de 300 à 320 pages chacun, accompagnés de planches dessinées d'après nature par d'excellents artistes et coloriées avec soin

Chaque volume sera publié en quatre livraisons de dix feuilles environ, et de quatre ou cinq planches par livraison, pour offrir un représentant des principaux genres, ou les deux sexes des espèces, quand il sera nécessaire.

Il paraîtra une livraison par trimestre.

Le prix de la livraison est de 7 fr., planches noires, et 12 fr. 50 avec planches coloriées.

La Société publierait cette *Histoire* avec des planches pour chaque espèce de ces oiseaux, si elle trouvait, à 2 fr. 50 par planche coloriée, un nombre suffisant de souscripteurs pour couvrir les frais.

La 1re Livraison vient de paraître

LYON. — IMPRIMERIE PITRAT AINÉ, RUE GENTIL, 4.

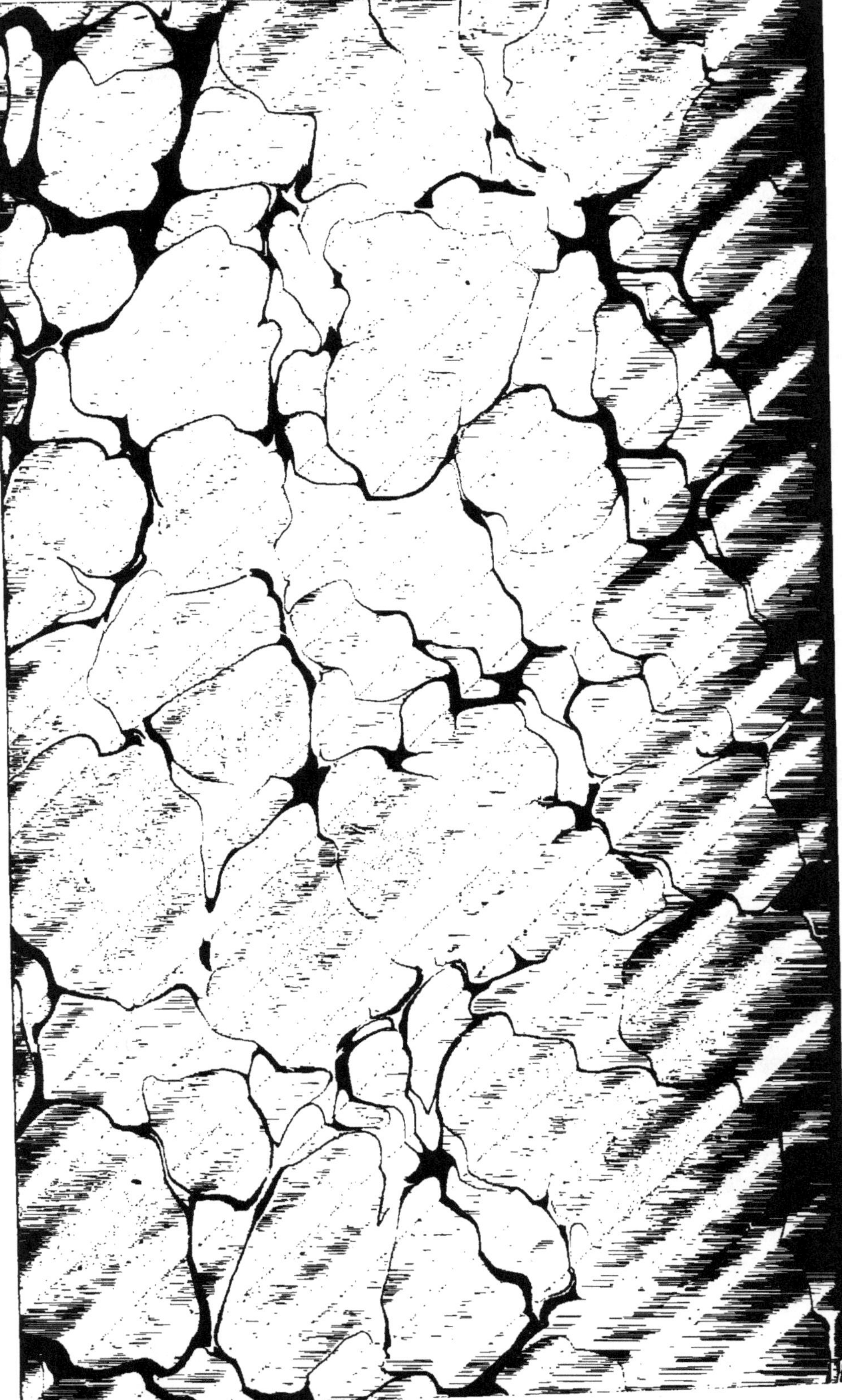

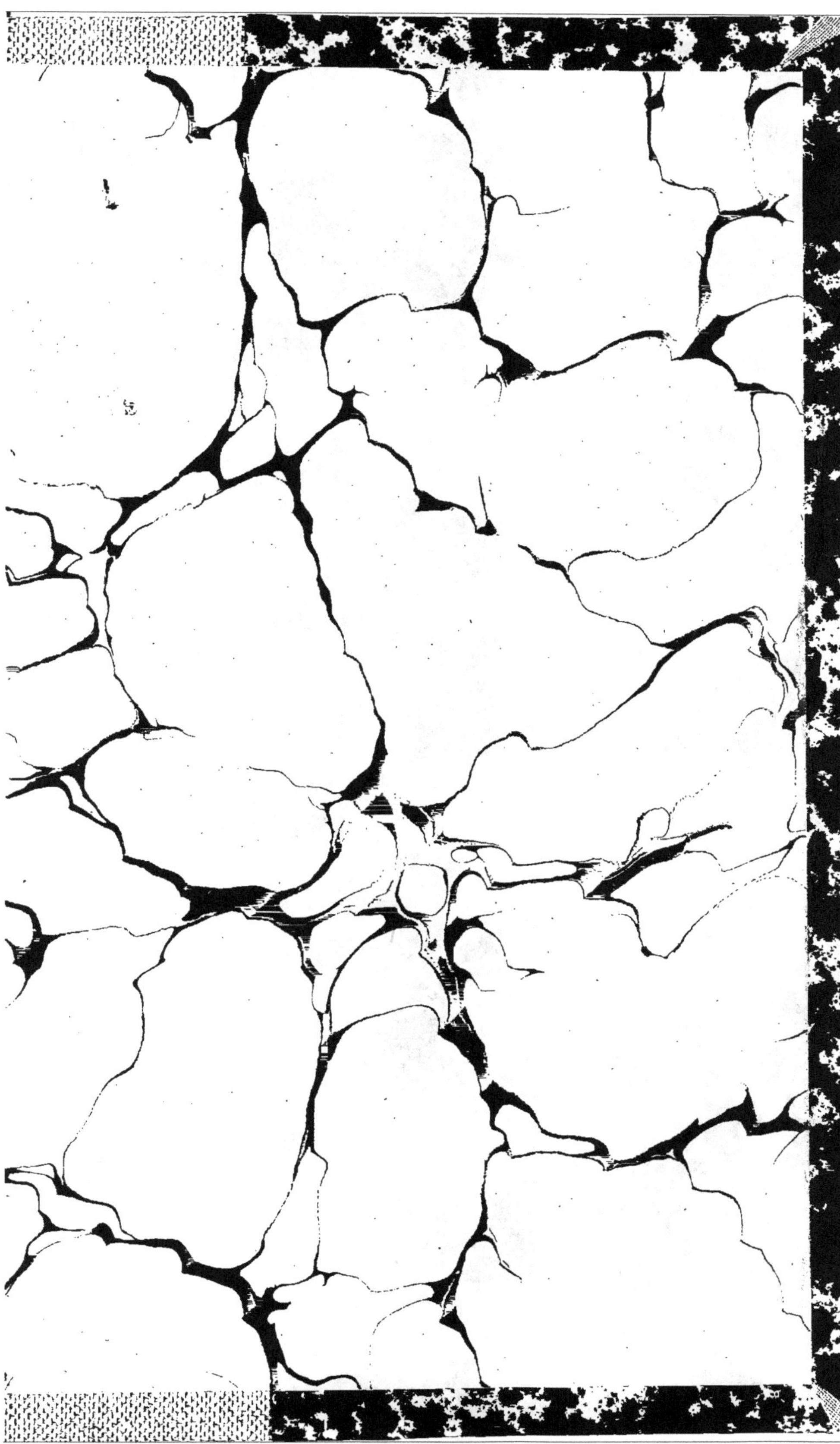

www.ingramcontent.com/pod-product-compliance
Lightning Source LLC
Chambersburg PA
CBHW060549210326
41519CB00014B/3411
* 9 7 8 2 0 1 3 5 1 8 9 3 2 *